VR/AR医療の衝撃

杉本 真樹

国際医療福祉大学大学院
医療福祉学研究科

Contents

Part 3 人体VR画像が無料で作れる、気軽に試せる、実践VR医療

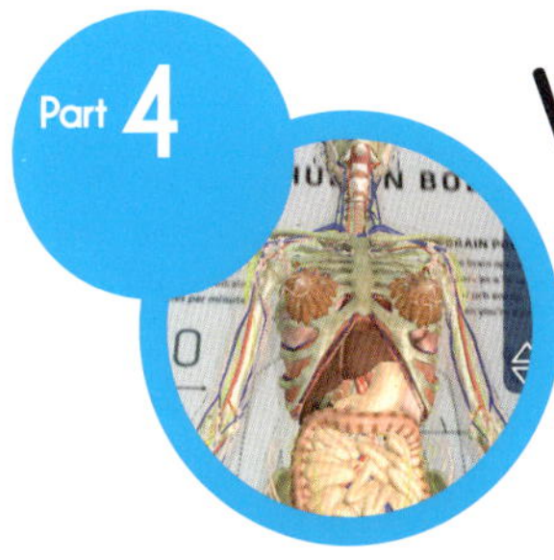

Part 4 VR/AR医療を今すぐ体験できる、実践に役つアプリケーション集

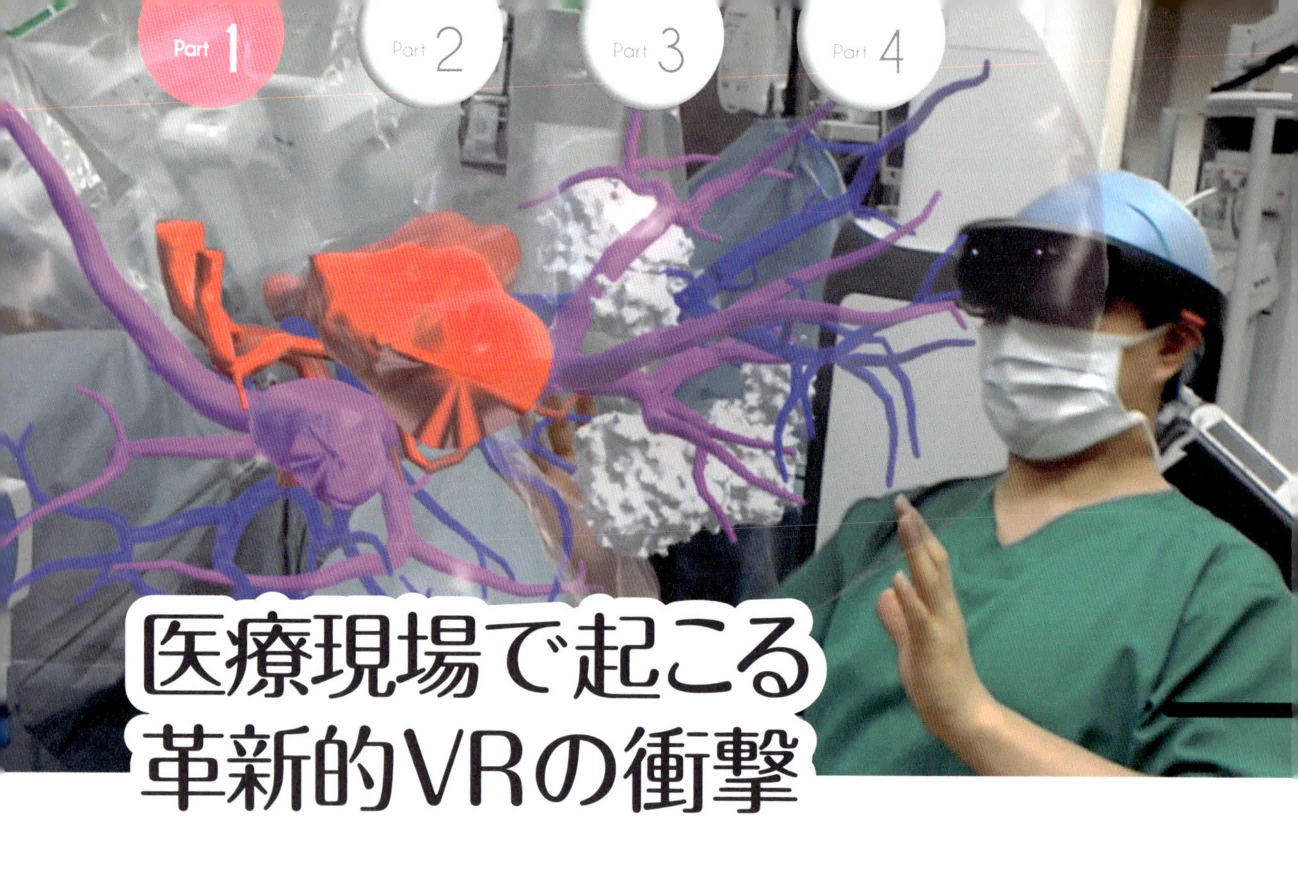

医療現場で起こる革新的VRの衝撃

VR/AR医療のアウトラインとエッセンスをつかむ

バーチャルリアリティ（virtual reality：VR）技術が医療を大きく変えようとしていることを御存じだろうか。SF小説やハリウッド映画のような世界が現実の医療でもすでに実現している。そんな世界を医療従事者はもちろん、医療職を志望する方や、医療には直接関係しないが医療や医学に興味のある読者が体験したり、実践したりするための、有益な情報や興味深い話題を紹介したい。

VRとは具体的にどのようなものか。まずはPart 1－Chapter 02で紹介している動画を見てもらいたい。

医療現場でのVR利用は現在進行形だが、Part 2では「リハビリテーション」「医学教育」「ビジネス展開」「臨床応用」で行われている実例を報告している。リハビリテーションでの臨床研究や臨床応用での手術ナビゲーションは、昨今のVRブームをきっかけに始まったものではなく、十数年にわたる取り組みの成果である。医療にVRを活用するアイデアは、素性が確かで蓋然性も高いことがわかってもらえるであろう。「医学教育」では人体解剖という視覚要素が高い教育領域にVRを利用した効果をレポートしている。医学分野にかぎらずVRを教育に活用する事例は特に米国で盛んだ。システム開発企業やプログラマーらの医療分野への注目度も高まっており、障壁は種々あるだろうが、「ビジネス展開」が医療システム分野に参入するヒントになればよいと思う。

VRの成り立ちがわかり、事例を押さえたら、実体験してほしい。VRを体験するには、身体に装着するハードウェアやコンテンツ、それらを処理するアプリケーションが必要だ。ハードについては、Part 1－Chapter 01を参照してほしい。本格的なVRを体験できるハイエンド製品から、スマートフォンとわずかな投資で手軽に体験できる製品のほか、筆者が特に医療分野での活用可能性を感じる製品をセレクトして紹介している。アプリやコンテンツはPart 4が参考になるだろう。

医療に従事する読者が、明日から職場でVRを活用するには、具体的にどんな機材や手順が必要になるのか。これをまとめたのがPart 3だ。記事のとおり作業すれば独自の医療VR画像を作れるよう構成してある。アプリの使い方、必要なハードと性能も記してある。筆者らが独自に開発したVRビューワも公開しており、誰でも無料で入手、利用できる。機器

写真02

筆者自身が作成したVR画像をHMDで観察する（左）。
下は観察している内容

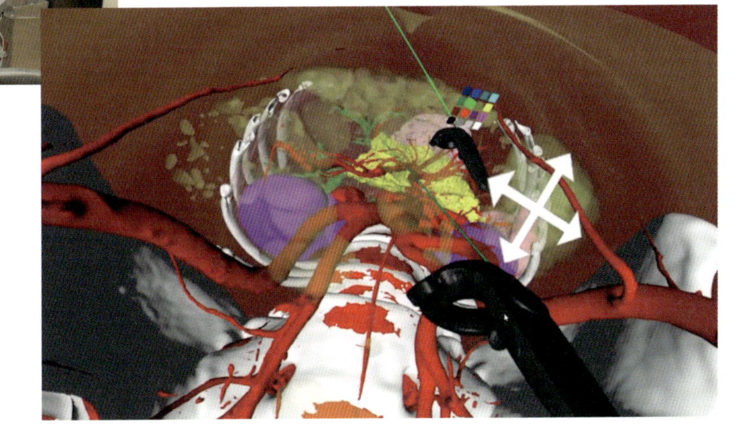

写真01

患者解剖の3D画像をMicrosoft HoloLensでホログラム表示する

やアプリの入手、設定までオールインワンで行える有料サービスも紹介している。

見かけは原物ではないが本質が現実であること

各論の前に、VRの定義と、VR医療とはどのようなものか概観しておく。

VRという用語は、医療従事者には比較的なじみのある専門用語として使われていた。以前から患者のCTやMRI画像をコンピュータで再構成した3D(3次元、立体）画像をバーチャルと呼ぶ風潮はあった。現に食道や腸など管腔臓器の内部にカメラを設置したかのような仮想的な画像はバーチャル内視鏡とも呼ばれている。

日本バーチャルリアリティ学会初代会長の舘暲氏は「バーチャル(virtual)とは、The American Heritage Dictionaryによれば、(略)『みかけや形は原物そのものではないが、本質的あるいは効果としては現実であり原物であること』であり、これはそのままバーチャルリアリティの定義を与える」と述べている（日本バーチャルリアリティ学会「バーチャルリアリティとは」）。つまり、視覚にとどまらず、ユーザーのあらゆる感覚を刺激し、本物がまさにそこにあるような体験に変えることがVRなのだ。さらにVRには3要素「3次元の空間性：presence」「自己投射性：autonomy」「実時間の相互作用性：interaction」が伴う。

これらをみると、従来の平面モニタで見ていた患者の3D画像は「3次元の空間性」は2D画面として感じられるものの奥行きはなく、残り2つの要素は当てはまらない。バーチャル内視鏡では、ユーザー自身が中に入り込み、中を歩いているような「自己投射性」は体験できないため、VRとしての価値は低い。

写真02は、筆者が作成したVR画像をヘッドマウントディスプレイ(HMD)で閲覧している様子と、筆者が歩いて体験しているVR空間の光景だ。両手に持っているのがHMD付属のコントローラで、これで仮想空間に図形や線を描いたり、物体を引き寄せたり回転させたりできる。ユーザーの働きかけに対して仮想空間が反応する、仮想空間で起きたイベントに対してユーザーが反応する。このリアルタイムな「相互作用性」が加わってVRの価値が出てくるのである。

手術支援としてVR技術を臨床現場に応用する

長年、臨床現場で外科医であっ

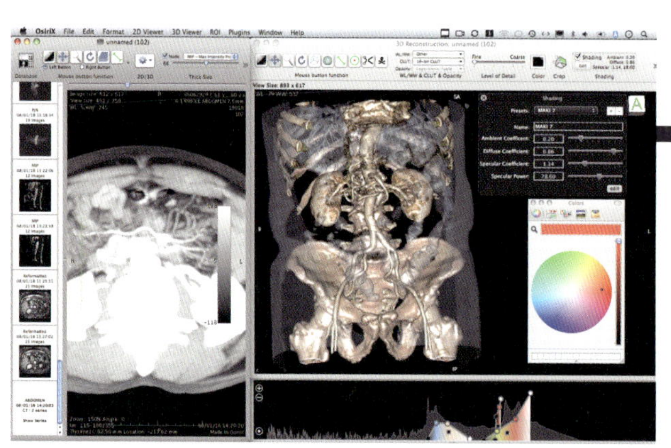

写真03

OsiriXによる3Dボリュームレンダリング結果

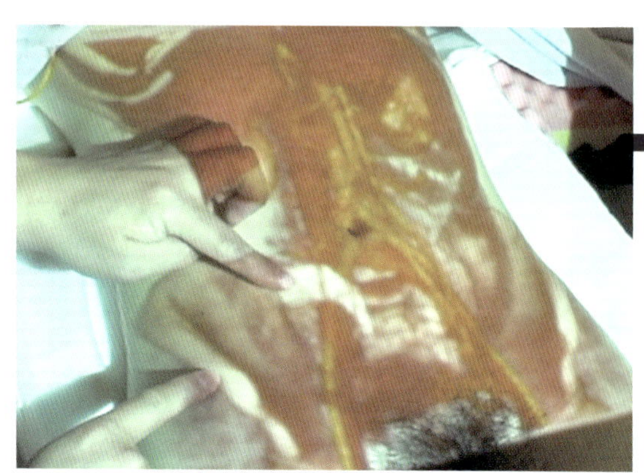

写真04

虫垂炎の女性患者の腹部に投影した3D画像。最小限の切創で虫垂を切除した

た筆者は、このVR技術を手術ナビゲーションとして利用する研究を続けてきた。カーナビゲーションのように手術をナビゲートする技術の着想は比較的古くからある。脳神経外科や整形外科領域などでは、術中ナビゲーションシステムが開発され、大変高価ではあるが製品化され、利用されている(本書では民生技術や製品を医療活用することに重点を置き、これらのシステムには触れないでおく)。

写真03は、筆者が開発に関与している無料の医用画像解析アプリOsiriX(オザイリクス)による患者の3D解剖画像だ(OsiriXの概要や導入方法はPart 4のOsiriXの項を参照)。一般的なCTやMRI画像を立体的に再構成して3D画像で表示できる3D画像解析システムは、当時(現在も)非常に高価な製品だった。それがOsiriXなら市販のパソコンで簡単に3D化できる。放射線科に作成を依頼することなく、外科医自身が自分が見たい部位やアングルで自由に3D化できる。この「3D画像を手術に導入しよう」「手術室のモニタに3D画像を表示しよう」とし始めたのが2003年頃のことだ。

3D画像を参照しながらの手術は確かに効果があった。だが、今度は術野とモニタの距離が問題になる。特に若手の医師はモニタばかり見ていて手が進まない。それならモニタをなくして、患者の腹部に直接映せばいい。プロジェクタで皮膚上に3D画像を投影すれば、本人のデータなのだから臓器や血管位置はぴったり合うはずだ。これを筆者はイメージオーバーレイ手術と名付け、2006年頃から学会発表した(**写真04**)。その後、プロジェクションマッピングという用語が一般化したが、医療では今なおイメージオーバーレイと呼ぶ医師も多い。

当時はこれが手術ナビゲーションと呼ばれたが、厳密にはナビゲーションではない。カーナビゲーションシステムは、現在の車両位置を検出し、目的地までのルートを誘導してくれるものだ。最新の

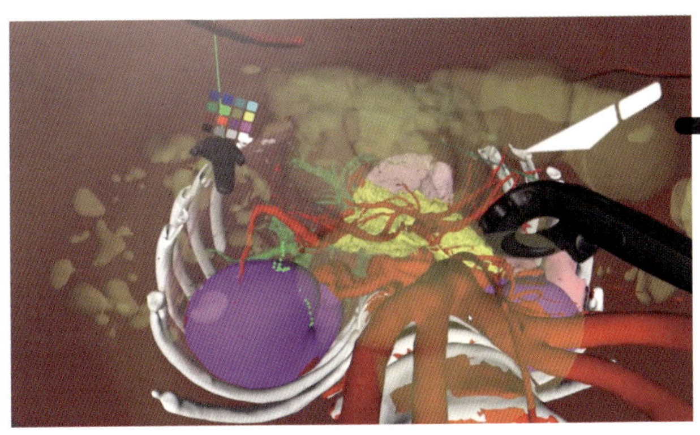

手術直前に筆者が作成した患者のVR画像

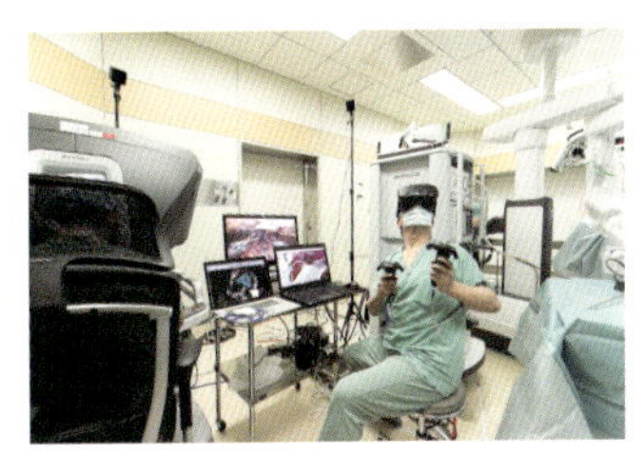

2本のスタンドの上に設置されたキューブ状の装置が赤外線ルームセンサー

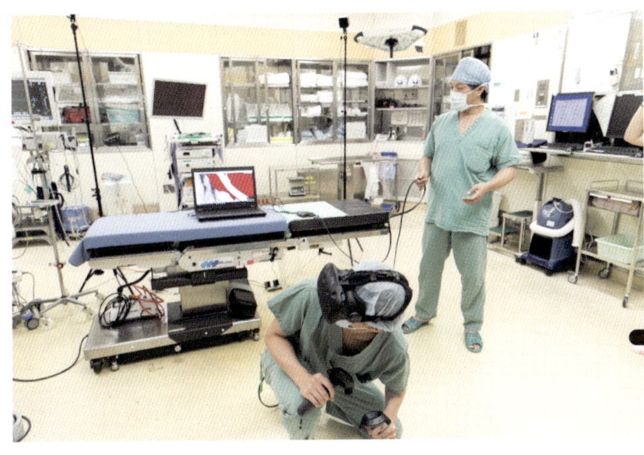

術前にVR画像でロボット支援手術のシミュレーションをする研修医。この手術室には1時間後、患者が搬入されてくる

位置情報をリアルタイムに検出するのがナビゲーションであり、その機能を欠くのは地図にすぎない。運転席に掲げた地図をカーナビと呼ばないように、医用画像も同様、術野の位置情報を検出せずに画像を表示しているだけでは術者を導くことはできない。

筆者らがHMDで行っている手術支援の一例は**写真05**のようなものだ。患者が手術室に搬入されてから麻酔が効き、執刀を開始するまでの約30分間で、患者のCT画像を3D再構築してHMDに取り込み、立体視として見られるようにしている。執刀を担当する医師に装着してもらい「“ここ”から奥へ進むと腫瘍に到達する」というガイドがあれば手術支援として有用だ。これは位置情報と画像情報が連携しており、没入感もある。

ユーザーの位置情報や動作に追従した表示をHMDが行うには、赤外線センサーなどの位置情報センサーが重要だ。**写真06**はHMDとセットで販売されている製品で、非常に小さくて高性能な赤外線センサーだ。顔や手を動かすと、VR画像が追従する。ヘッドセット自体に搭載される各種センサーに加え、ポジションセンサーを利用してユーザーが移動できるようになった。これが手術ナビゲーションを実用的な技術にするブレークスルーとなった。

患者の全人的な痛みをVRが解放した瞬間

位置情報と画像情報を関連づけるVR医療は、シミュレーションや教育でも有効だ。**写真07**はロボット支援手術を初めて行う研修医が、HMDで患者体内のVR画像をシミュレーションしている様子だ。緊張感漂う状況で、彼は患者の体の中に入るような体験をする。顔を左右に振ったり、回転させたり、実際に手術室の中を歩いて、臓器と臓器の位置関係、腫瘍と血管の距離感を体感する。人間は自分が実際に移動することで、実際の距離を正しく空間認識できるのだ。

写真08

ヘッドセットを装着してVR人体モデルを観察する学生

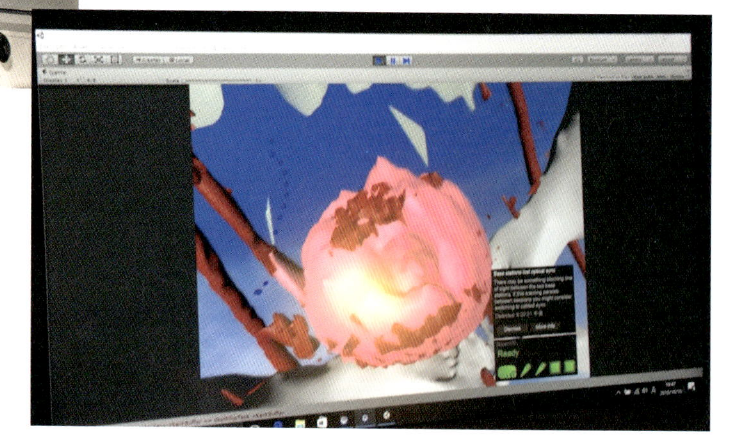

写真09

自分の体内をVR体験する女性（左）。全摘前の子宮・卵巣に出会う（下）

筆者が担当する医学教育は**写真08**のように進めている。学生にヘッドセットを装着させ、臓器の中に入らせる。例えば肝動脈、肝静脈などが再現された肝臓の中に入って、分枝を感覚的に覚え、区域を実際に歩いて体験させる。解剖実習にも比肩するインパクトがあり、学習効果が高い教育になる。

VRは患者説明、インフォームドコンセントに有望であることも実証済みだ。実際に、患者本人にヘッドセットを着けてもらい、病状や治療方針を説明すると、病気に対する恐怖心が薄らぐ。いったん疾患への理解が進み、恐れが和らげば、本人や家族は疾患に立ち向かう勇気がわく。患者が安心できれば医療従事者も安心して治療できる。医療の安全は医療従事者の安心から始まるのだ。

患者にとって、VRが有効である印象的な例を紹介しよう。

子宮癌を発症し、3年前に子宮と卵巣をすべて摘出した40代独身女性。「子宮も卵巣もない私はもはや女性ではないわ」と語るが、筆者が講演したイベントにこの女性がたまたま参加し、講演後に自身のストーリーを、医師である筆者に語ったのだった。術前に撮影したMRI画像をCD-Rで保管してあったので、「それならVRで子宮に会いに行こう」と筆者は申し出た。MRIデータからVR画像を生成し、HMDで体験してもらった様子が**写真09**だ。

ピンク色の丸い物体が彼女の子宮だ。ヘッドセットを装着して骨盤の中を歩き、血管をよけながら子宮を探している。「あっ、いた！」。自分の子宮を見つけた彼女はしゃがみ込み、愛おしそうに子宮に手を伸ばしたのだ。この瞬間、彼女は3年間強いて忘れようと努めた“女性”を取り戻したのだ。そして「癌はすべて取り除かれた、悪いものから私は解放された」と強く思ったという。手術から3年を経て、VRはこの女性を全人的な痛みからようやく解放したのだ。彼女はこれをきっかけに、癌予防の啓発活動にかかわって

写真10

iPadから膵臓のARモデルが飛び出す

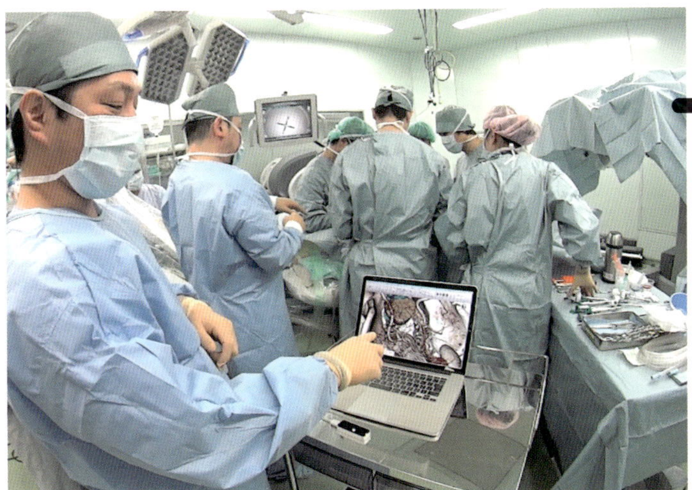

写真11

ジェスチャーコントロールで、どこにも触れず3D画像を操作する

いくのだという。VRには自分、そして他人の人生をも一変させる強烈なインパクトがあるのだ。

VR/AR医療は可視化から可触化へ

ここまでVRについて話を進めてきた。VRの類縁に拡張現実(augmented reality:AR)がある。3D画像とカメラで撮影した風景を合成すると、**写真10**のようにタブレットから膵臓が飛び出す。画面から3D画像を飛び出させるというわけだ。臓器の裏側を見たければユーザー自身がタブレットを反対側に回せばよい。タブレットを回すという現実の動作で仮想的な画像が回転するわけだ。

AR技術は手術への応用が容易だ。滅菌が要求される術野であっても、3D画像を空間に表示できれば汚染の心配はない。滅菌バッグに封入したタブレットやプロジェクタは不要、マウスや赤外線センサーなどの操作機器もいらない。術野上の空間で患者自身の3D画像を回転させて観察できれば、より直感的に理解できる。専用メガネをかけた術者だけでなく、助手やスタッフもモニタで立体構造を理解でき、共有可能だ。ARはこのように滅菌が要求される場面での利用も有望で、今後の医療現場への展開が期待できる技術であろう(**写真11**)。

最後に視覚だけがVRでないことを指摘しておきたい。視覚だけのバーチャルは手で触れられない。医療のシミュレーションではトレーニングが必要だ。実際の手技を疑似体験するには触覚が不可欠なのである。これを筆者らは「可視化から可触化へ」と呼んでいる。それが3Dプリンタの活用であり、生体触感を保った臓器モデルによる手技のトレーニングだ。

VRは発展途上のテクノロジーであり、これからも続々と開発され、普及していくだろう。VR技術が民生化されつつある今、医療への応用を引き続き追究していきたい。

Chapter 01

ハイエンドモデルから費用数百円の自作モデルまで
注目のヘッドマウントディスプレイ大集合

VRがテレビ、インターネット、書籍などの各種媒体で取り上げられ、
展示会や店頭で実際に機器を装着してVRを体験した人も多いだろう。
一方で、この頭部に装着する装置は何という名前なのか。あの製品とこの製品の違いは何なのか。
呼称や評価する言葉も、比べるべき指標もばらばらで曖昧だ。
本章では、百花繚乱のヘッドマウントディスプレイをレビューするのに必要な知識を述べよう。

頭部に装着する機器を「HMD」と呼ぼう

本章の目的は、医療VR画像を体験可能な注目機種を取り上げることである。しかし、実際にはハードウェアの呼称すらばらばらなのが現実だ。ウェアラブル端末と言ったり、スマートグラスと呼んだり…。そこで本書では、パソコンやスマートフォンなどのデバイスが生成・送出する仮想的な画像を、装着したディスプレイに投射するのに必要な装置の総体を「ヘッドマウントディスプレイ」と総称し、「HMD」を略称とする。

次に頭部に装着する機器を「ヘッドセット」、さらにその形に注目して「ヘッドギア型」「ゴーグル型」「メガネ型」に分け（メガネ型はさらに単眼式／両眼式に分かれる）、表示目的が「VR」「AR」「MR」なのかに分けた。ARに関しては、現実と仮想画像を重ね合わせる性質上、透明なディスプレイやミラーを通して外界の画像を光学的に取り込むタイプ、ヘッドセットに搭載されたカメラを通じて外界画像を取り込み、仮想画像と合成するタイプかも意識した。

どんな指標でHMDの性能を評価するか

一口にHMDといってもタイプはさまざまで、仕様や性能などで一様に比較するのは適切ではない。しかし、性能を測る必要最小限の指標として「視野角」「画面解像度」「接続機器（の要不要）」を取り上げた。

視野角は正面から上下左右にどれだけずれた角度から見られるかを表すものだ。画面解像度はディスプレイに表示される総画素数で、大きいほど精細だ。接続機器はHMDでVR体験するのに必要なハードウェアで、パソコンやスマートフォンに接続したり、セットするのが一般的だが、場合によっては専用に開発されたコントローラのこともある。

ハイエンドHMDの接続機器はパソコン

VRが身近な存在になったのは、ハードウェアの性能向上に負うところが大きい。本章で大きく取り上げている「Oculus Rift」「HTC Vive」「FOVE」などは特にグラフィックス性能が秀でたパソコンが必要で、一般消費者向けパソコンでは力不足だ。

ところで本稿執筆時点で、パソコン接続タイプのHMDのうち、Macに対応する製品は存在しない。開発者向けに販売された「Oculus Rift Development Kit 2（DK2）」はMacにも対応していたが、販売は終了している（ネットオークションでは入手可能なようだ）。

開発元のOculus社によれば、Macの現行ラインアップで、HMDの性能を十分に引き出せるグラフィクス性能を持つ製品は存在しないからだという。HMDを軽々と駆動する性能のMacの登場を待ちたい。

Gear 01 開発と進化を続けながらVRブームを牽引するHMDのスタンダード

Oculus Rift CV1

価格●599ドル
販売●Oculus社
URL●https://www3.oculus.com /en-us/rift/

分類	VR
視野角	110°
画面解像度	2,160 × 1,200
接続機器	パソコン

Oculus Riftは、ヘッドセット部にジャイロ／加速度／地磁気センサーを搭載、左右の目に独立した有機ELディスプレイを配して、両眼視差で立体感を得るタイプのヘッドギア型HMDだ。さまざまなHMDが登場する中、HMDのスタンダード的なタイプともいえるが、VRブームの火付け役であり、今なお話題の中心であることは間違いない。

ヘッドセットのほかに、ワイヤレスリモコン、Xbox Oneのコントローラ、ヘッドセットの位置を赤外線で追跡するセンサーが付属する。VRコンテンツは、専用ホームアプリOculus Homeをインストールし、Oculus Storeからコンテンツをダウンロードする。

開発キットとして発表・販売されたDevelopment Kit 1（DK1）、Development Kit 2（DK2）に続き、一般消費者向けに初めて発売されたOculus RiftがCV1だ（Consumer Version 1）。日本では販売されておらず、公式サイトか米国のネットショップなどで購入する。

Gear 02 ユーザーが歩き回ってVR体験できるルームスケールVRは大注目！

HTC VIVE

価格●99,800円（税別）
販売●HTC社
URL●https://www.htcvive.com/jp/

分類	VR
視野角	110°
画面解像度	2,160 × 1,200
接続機器	パソコン

HTC社とゲームストア・プラットフォームSteamを運営するValve社が共同開発したHMD。ヘッドギア型のヘッドセットのほか、手に持って使用する棒状のコントローラ（2台）、プレイヤーの位置を追跡するベースステーション（2台）などからなる。

ほかのHMDと同様、立った状態や座った状態で利用することも可能だが、HTC Vive最大の特徴はルームスケールVRだ。最大5×5m（最小1.5×2m）のスペースを、対角線上に設置した2台のベースステーションであらかじめ範囲設定することで、VR空間に変える。

ヘッドセットで没入感に浸り、歩き回って空間を感じ、コントローラで疑似触感を得る——。多種類の感覚器官を使って作り出されるVR世界は、日常では得られない特異な体験だろう。グラフィックス性能が高いパソコンが必要、ルームスケールVRは場所が限定されるなどの条件はあるが、一般消費者向けHMDとしては一歩抜きん出た存在だ。

Gear 03 国産HMDの真打ちがいよいよ登場！ VR活用シーン、VR市場の活性化に期待

PlayStation VR

© 2016 Sony Interactive Entertainment Inc.

価格 ● 49,980円（税別）※PlayStation Camera同梱版
販売 ● ソニー・インタラクティブエンタテインメント
URL ● http://www.jp.playstation.com/psvr/

分類	VR
視野角	100°
画面解像度	1,920 × RGB × 1,080（左右の目それぞれに960 × RGB × 1,080の映像を表示）
接続機器	PlayStation 4

家庭用ゲーム機PlayStation 4に接続してVRコンテンツを再生するヘッドギア型のHMD。応答速度が速い有機ELディスプレイを採用し、120fpsの高リフレッシュレートでスムーズな映像表現を実現している。ヘッドセットには加速度／ジャイロセンサーが組み込まれ、ユーザーの頭の向きや動きを読み取るほか、9か所のLED光を、室内に設置したカメラPlayStation Cameraがとらえ、動きをより正確に追跡。PlayStation 4付属のワイヤレスコントローラDUAL SHOCK 4や別売のスティック状コントローラPlayStation Moveに付いているLEDもカメラが捕捉し、手の動きなども読み取る仕組みだ。

PlayStation VRのほかPlayStation 4本体、PlayStation Cameraが必須で、コンテンツによってはPlayStation Moveも必要になる。しかし、これらすべて購入しても約9万円で本格的なVRコンテンツを楽しめるのは魅力だろう。

Gear 04 視線で意思決定、ヘルスケアでも期待大のアイトラッキング機能搭載HMD

FOVE

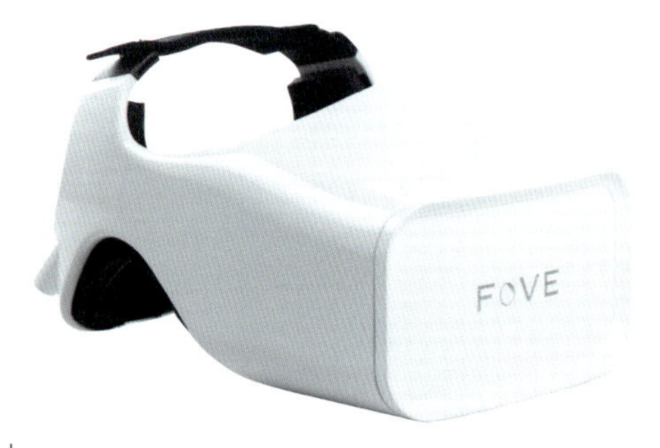

価格 ● 599ドル
開発 ● FOVE社
URL ● http://www.getfove.com/jp/

分類	VR
視野角	最大100°
画面解像度	2,560 × 1,440
接続機器	パソコン

開発元のFOVE社は小島由香氏とLochlainn Wilson氏が2014年に設立した企業。クラウドファンディングで資金を調達、ヘッドギア型HMDのFOVEを開発した。

FOVEの最大の特徴はアイトラッキング（視線追跡）機能だ。トラッキング精度は1°以下（予定）、頻度は1眼球当たり120fpsと常に眼球の動きを認識し、視線だけでポインタを動かしたり、まばたきをトリガーとして選択／決定するような意思表示が行える。不自然な頭の動きを最小限に抑えることで、VR酔いも軽減されるという。

一般消費者向けHMD製品でのアイトラッキング機能搭載は初というだけあって、アイコンタクトを取り入れた新しいスタイルのコンテンツの登場が待たれるが、ヘルスケア分野での利用も織り込み済み。動画サイトで話題となった、FOVEでピアノを演奏するプロジェクト「Eye Play the Piano」は記憶に新しい。

Gear 05

独自のホログラフィック技術を採用した
新しいウェアラブルPC

Microsoft HoloLens

価格●3,000ドル　販売●マイクロソフト コーポレーション
URL●https://www.microsoft.com/microsoft-hololens/en-us

分類	MR
視野角	—
画面解像度	1,280×720
接続機器	—

ヘッドセット部にCPUやGPUが組み込まれ、Windows 10で動作するHMD。北米の開発者向けキットとして限定発売され、日本での発売は未定だ。しかし、MRを標榜する新しいWindowsデバイスだけあって注目度は高い。バイザーは透過タイプで、網膜に投射したホログラムと外界を重ねて表示する。本体とBluetoothで接続するクリック用デバイスClickerが付属。開発キットやエミュレータも公開され、今後のコンテンツの充実に期待だ。

Gear 06

ロービジョン者向けに開発された
メガネ型視覚補助装置はAR用途でも大注目

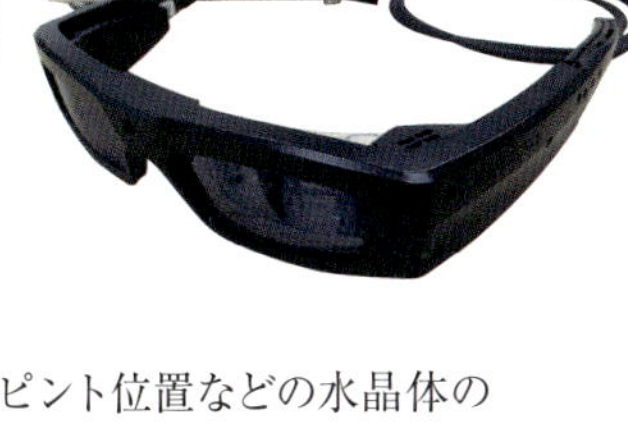

網膜走査型レーザアイウェア RETISSA

価格●未定（2017年度中発売予定）
販売●QDレーザ
URL●http://www.qdlaser.com/lew/

分類	AR
視野角	水平約25°
画面解像度	720p相当
接続機器	専用ユニット

QDレーザが東京大学ナノ量子情報エレクトロニクス研究機構や新エネルギー・産業技術総合開発機構（NEDO）の支援の下で開発。フレーム内のレーザプロジェクタから装着者の瞳孔を通して網膜に画像を投射するため、視力やピント位置などの水晶体のレンズ機能に依存せず画像を見ることができる。ロービジョン者向けに開発されたHMDだが、現実世界の実像に映像を重ね合わせることも可能なため、AR用のデバイスとしても注目されている。

Gear 07

アプリ次第で活用用途は無限大
脱着が楽な片目型ウェアラブル端末

Telepathy Walker

価格●Basic版:85,000円（税別）／Business版:150,000円（税別）
販売●テレパシージャパン　URL●http://telepathywear.com/

分類	AR
視野角	11.5°
画面解像度	960×540
接続機器	専用ユニット（OS：Android）

「新しい世界を歩こう」をキャッチフレーズに開発された、屋外利用、歩行者向けのナビゲーションを想定した片目式メガネ型HMD。ボイスコマンド（音声操作）に対応し、完全ハンズフリーで使えるのが特徴だ。本体は57gと軽量で、折りたためば胸ポケットにも収まる。メガネの上からも装着できる専用のヘッドアタッチメントで固定する。OSにAndroidを採用しており、Androidアプリ開発の経験があれば独自のアプリも開発可能だ。

Gear 08

取り回しのよさと高い没入感が魅力 Galaxy専用のゴーグル型HMD

Gear VR

価格●12,000円前後（実売価格）
販売●SAMSUNG
URL ●http://www.samsung.com/jp/product/gearvr/

分類	VR
視野角	96°
画面解像度	装着スマートフォンによる
接続機器	Galaxy S7 edge、Galaxy S6/S6 edge

Samsung社とOculus社が共同開発した、Galaxyのスマートフォンを装着して使用するゴーグル型HMD。USBコネクタにスマホを接続すると、ゴーグル側面のタッチパッドで画面操作や音量調節が可能になる。加速度／ジャイロ／近接センサーを備え、スマホのセンサーと組み合わせてより精度の高いVR画像が楽しめる。専用ホームアプリOculus Homeをインストールし、Oculus Storeからコンテンツをダウンロードして使用する。

Gear 09

箱とスコープが合体、手軽かつ安価ながら体験できるVRは本格的

ハコスコ

価格●1,200～6,000円（税別）
販売●ハコスコ
URL●http://hacosco.com/

分類	VR
視野角	モデルによる
画面解像度	装着スマートフォンによる
接続機器	スマートフォン

段ボールまたはプラスチック製で、スマートフォンを装着するタイプのゴーグル。一眼モデルで13歳未満の子供でも安心のハコスコ タタミ1眼、両眼視差によってより立体的に映像を楽しめる二眼モデルのハコスコ タタミ2眼、ハコスコDX、ハコスコDX2のラインアップがある（写真はハコスコ タタミ2眼）。プラスチック製DXシリーズは頭部に固定できるゴム製ベルト付き。公式アプリのほか、Google Cardboard対応アプリも使用可能だ。

Gear 10

Googleが公開する無料HMD ゴーグルは自作する？ 購入する？

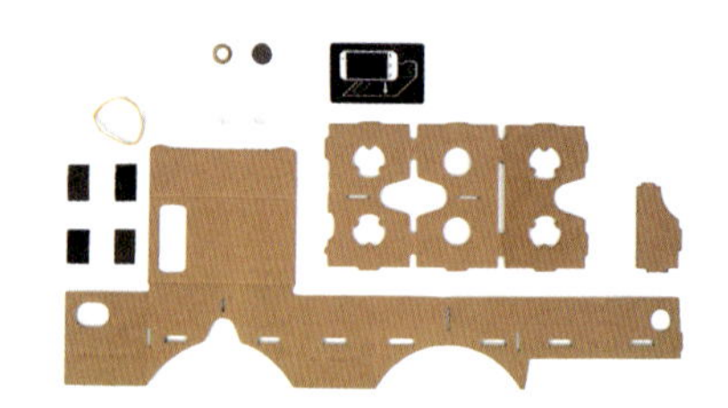

Google Cardboard

価格●無料
販売●Google社
URL ●https://vr.google.com/intl/ja_jp/cardboard/

分類	VR
視野角	90°
画面解像度	装着スマートフォンによる
接続機器	スマートフォン

Google Cardboardは、手持ちのスマートフォンと安価な材料で作れるゴーグルで、気軽にVR体験することをコンセプトにGoogleが開発、公開するHMD。仕様書はWebサイトからダウンロードでき、設計図を参考に段ボールやレンズ、磁石、着脱テープ、輪ゴムといった身近な素材でゴーグルを自作できるほか、認定ゴーグルも各種販売されている。公式アプリのほか、開発キットも公開されているのでオリジナルのアプリも開発可能だ。

Gear EX VRの世界を超低価格かつ気軽に試したい人にオススメ わずか3分220円で自作できる激安VRゴーグル「Makilus」

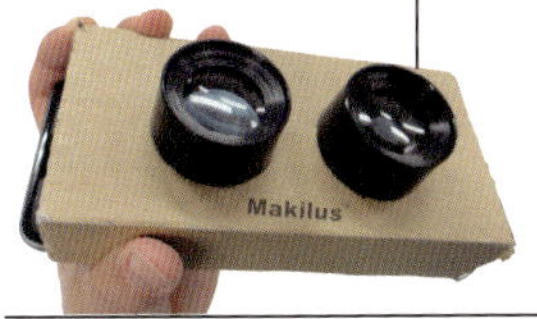

Makilus DK1（上）と
Makilus DK2（右）

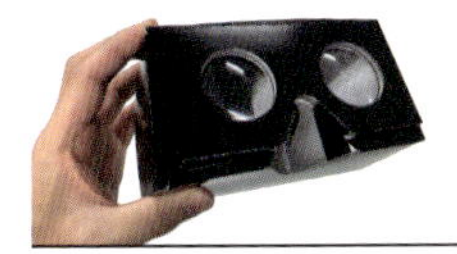

『医用画像3Dモデリング・3Dプリンター活用実践ガイド』（著：杉本真樹／発行：技術評論社）の付録MakilusBLK1

値段の張るHMDを購入するには躊躇してしまうが、VRの世界を気軽に体験してみたい。そんな要望に応えて杉本真樹が考案した究極の激安VRゴーグルがMakilusシリーズだ。材料費は100円ショップで販売されているプラスチック製のルーペ2個だけ。Makilus DK1は段ボール、Makilus DK2（別名Ohashilus）は割り箸1膳と輪ゴムで、ルーペを手持ちのスマートフォンに装着すれば完成だ。

Makilus DK1の製作方法● https://makershub.jp/make/494
Makilus DK2の製作方法● https://makershub.jp/make/925

入力デバイスでは、手ごろな価格の製品も登場！ 生体モデルの取り込みに不可欠なハンドヘルド型3Dスキャナ

医療現場でのVR活用では、入力デバイスも不可欠なツールになりつつある。有機的な形状の人体や臓器は、CGやCADで一からモデリングするよりも、実物をスキャニングして取り込み、加工するのが精密かつ現実的だからだ。

3D測定器や3Dカメラ、3Dスキャナといわれる入力デバイスは、3Dプリンタに比べ普及や認知が遅れていた感は否めない。しかし最近、ベンチャー企業を中心に、ユニークなコンセプトで廉価な3Dスキャナが続々発表されている。なかにはスマートフォンを3Dスキャナ代わりにするアプリケーションも登場し、3Dスキャナも早晩、市民権を得るだろう。

ところで、医療現場で使える3Dスキャナとなると制約も多い。ターンテーブルに被写体を設置するようなタイプは適さず、どこにも持ち運べ、治療を妨げない処理速度も重要だ。薬品や汚れ、キズに強く、衛生を考慮して非接触型で、ホコリを立てないよう可動部が少ないのが望ましい。

これらの諸条件を考慮して杉本真樹が選定し、臨床で重宝している3DスキャナがSenseだ。人物およびオブジェクト専用のモードが用意されており、ハンドルを把持した人物が一定の距離を保った状態で被写体をなぞるようにスキャンする。うまくスキャンするには慣れが必要だが、処理速度の速さと簡便さで、現時点での3Dスキャナのベストチョイスだ。

杉本真樹が実際に臨床で使用しているSense（上）と、iPadやiPhoneに装着するタイプのiSense

対応OS ●Sense：Windows 8/10（64bit）、iSense：iOS　価格 ●Sense：60,000円（税別）、iSense：70,000円（税別）　開発 ●3D Systems社　販売 ●イグアス　URL ●http://www.iguazu-3d.jp/

Chapter 02

VR/AR医療がもっと身近になる動画集

医療やヘルスケアでのVR/AR活用はすでに始まっている。
現にYouTubeなどの動画サイトには、
世界中の医療従事者らが取り組んでいるVR/AR関連動画が多数投稿されている。
本章で取り上げた動画を手掛かりに、動画の森に足を踏み入れてみよう。
自分自身の見聞を広げるだけでなく、VR/AR医療の基本を知りたい同僚や、
職場での利用に関心が薄い上司への格好のプレゼンテーション資料になるはずだ。

Movie 01

既存の医療技術を超越する
Hyper medicine

URL ● https://www.youtube.com/watch?v=PDi0XXhncQc
投稿者 ● Maki Sugimoto

Hyper medicine for augmented human 人間の能力を拡張する超越医療

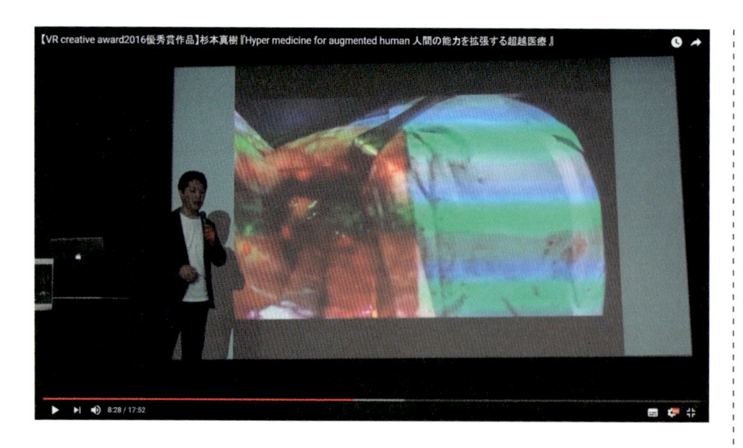

一般社団法人VRコンソーシアム開催の「VRクリエイティブアワード 2016」優秀賞を受賞した杉本真樹のプレゼンテーション。杉本はVR/AR、ジェスチャーコントロールやロボット技術を実装したHyper medicineという概念を提唱。CTやMRIなどの医用画像から3D VRへデータ変換し、3D立体視映像とウェアラブル／ホログラフによる空間的診断、支援技術を開発。空間性、実時間性、自己投射性を備えた双方向手術支援法として実臨床例で有用性を確認した。また、そのデータから造形した生体質感を持つ高精度の臓器レプリカとVR/AR画像を位置情報統合することで触覚を補完し、医療の安全性、確実性、正確性を高めた。結果、若手医師から医療スタッフ、患者家族への教育効果と効率化に成功したと語る。

Movie 02

肢体不自由児が目線の動きでピアノ演奏

URL ● https://www.youtube.com/watch?v=VHXx7XTPULE
投稿者 ● EYE PLAY THE PIANO

Eye Play the Piano

筑波大学附属桐が丘特別支援学校高等部2年の沼尻光太君が、Eye Play the Pianoシステムを使ったピアノ演奏にチャレンジしたクリスマスコンサートの模様。沼尻君が演奏する「もろびとこぞりて」等に合わせて児童生徒たちが合唱した。

Eye Play the Pianoは、視線追跡機能を搭載したHMD「FOVE」を使い、手や腕を使わずに目線だけで音楽を演奏できるユニバーサルピアノシステム。HMDに搭載された目線追跡機能を使ってユーザーの目線の動きを感知。鍵盤に視点を合わせることで自分が弾きたい音を選択し、目の「瞬き」によって入力信号が送られ、連結されたピアノから実際に音が鳴り響く仕組みだ。「AR＝身体能力の拡張」が理屈抜きでわかる。

Movie 03

外科医の網膜に患者画像を直接投影

URL ● https://www.youtube.com/watch?v=VmXjTuA7nsA
投稿者 ● Maki Sugimoto

Wearable augmented reality image guided navigation using laser retina projection eyewear

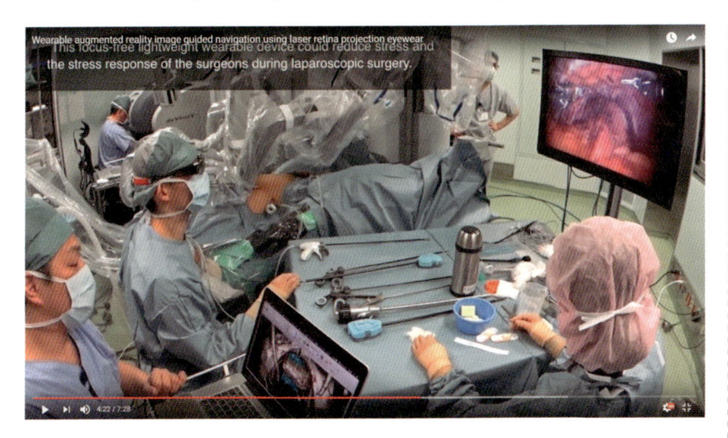

網膜走査型レーザアイウェアによる腹腔鏡下手術支援は、杉本真樹と志賀淑之医師(NTT東日本関東病院)が開発した技術。

網膜走査型レーザアイウェアは、いわば網膜をスクリーンにするプロジェクタ。杉本らは腹腔鏡下とロボットによる5件の泌尿器科手術でこのHMDを導入し、有効性を検証。高輝度かつ高い色再現性、広視野角で、術野に解剖やがん病変、血管などを重ね合わせて表示できた。フォーカスフリーで軽量なことも術者のストレス軽減に効果があったと評価している。

Movie 04 出血を伴う切離や縫合。リアルすぎる内視鏡手術トレーニング

URL ● https://www.youtube.com/watch?v=tBFtLsD5T_8
投稿者 ● Maki Sugimoto

切離縫合出血を再現した触感等価実体臓器モデルと腹腔実体シミュレータを統合した内視鏡手術トレーニング

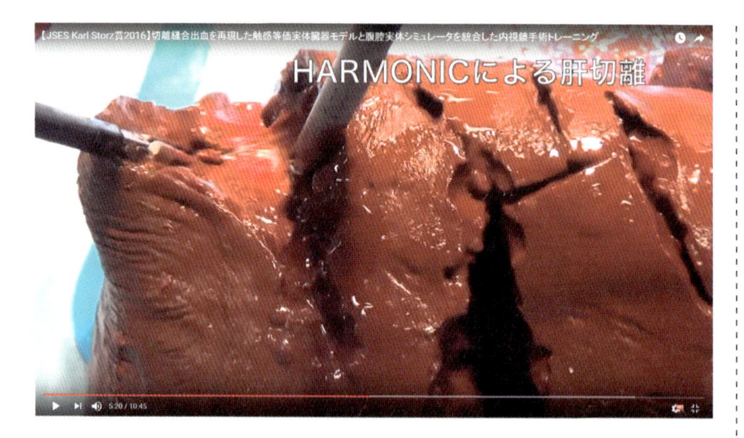

術野とモニタ画面が離れている内視鏡外科手術は難度が高く、習熟が欠かせない。しかし臨床では絶対に失敗できない。外科技術向上の重要因子は「若手のうちから失敗体験を経て危機感を覚え、実際の術野と同じ環境で繰り返し修練すること」であり、失敗を伴った修練を可能にしたのが、Bio-Texture Modeling（生体質感造形）技術で製作した臓器モデルによる内視鏡手術トレーニングシステムだ。

この動画は、2015年の第28回日本内視鏡外科学会総会にて第17回カールストルツ賞を受賞している。

Report 東京ゲームショウ2016はVRハード／ソフトの出展ラッシュ 脳波測定HMD／ゲームや可触化技術の研究展示も

2016年9月15～18日に開催されたコンピュータエンターテインメントの日本最大規模の総合展示会「東京ゲームショウ2016」。20周年を迎える同展示会では初めてVRコーナーが設けられ、ハイエンドからスマートフォン、タブレット用ヘッドマウントディスプレイ（HMD）、多種多彩なVRゲームなどが展示された。

コンテンツの中心はアクションやアドベンチャー、“萌え系”ゲームだが、VR/ARの応用技術として2つ注目したい。DG Labと電通サイエンスジャムが展示する「脳波LOVEチェッカー」は、脳波センサー付きHMDでユーザーの脳波から興味や好意の度合いを測定し、デートの相手を選ぶというもの。VR/ARによる可視化のみならず可触化の試みでは、東京大学や慶應義塾大学、電気通信大学などが、触覚をバーチャルに再現する研究や機器を展示発表、体験者の驚きを誘っていた。これらは、未来のエンターテインメントだけでなく、医療や福祉への応用も期待できよう。

東京ゲームショウ2016（主催：一般社団法人コンピュータエンターテインメント協会）は幕張メッセで開催された

東京大学の篠田・牧野研究室による展示「視触覚クローン（Haptoclone）」

慶應義塾大学大学院メディアデザイン研究科の全身触感スーツ「Synesthesia Suit」

Movie 05 zSpaceが作り出す仮想と現実の混在空間

URL ● https://www.youtube.com/watch?v=T7Gq0Z6dN2A
投稿者 ● Maki Sugimoto

World 1st Holographic Medical Augmented Reality Patient-Based Surgical Navigation

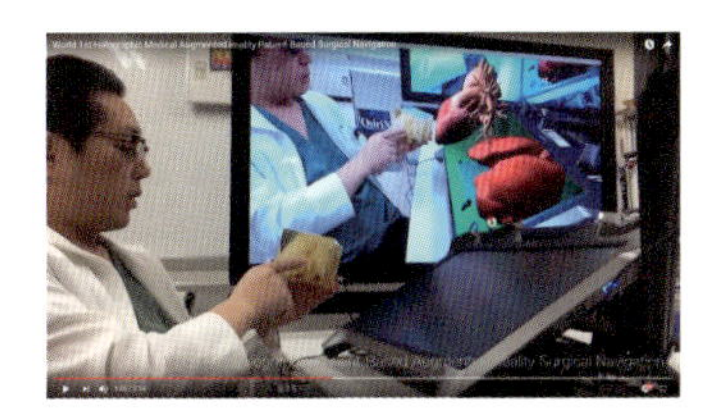

医用画像解析アプリOsiriXで作成した3Dデータを加工して、VRディスプレイ「zSpace」で表示。偏光メガネを装着したユーザーにはホログラムのように目前に臓器が存在して見える。動画はユーザーに見えている内容を外部モニタに疑似的に表現した映像である。動画中に登場する臓器モデルも、同じ患者の3Dデータから3Dプリンタで生体質感造形したものだ。

Movie 06 患者の腹部に画像投影したAR/MRの臨床応用例

URL ● https://www.youtube.com/watch?v=Vbsmhur8KHw
投稿者 ● Maki Sugimoto

Projection Mapping of Mixed Augmented Reality Surgery by OsiriX: Image Overlay Surgery

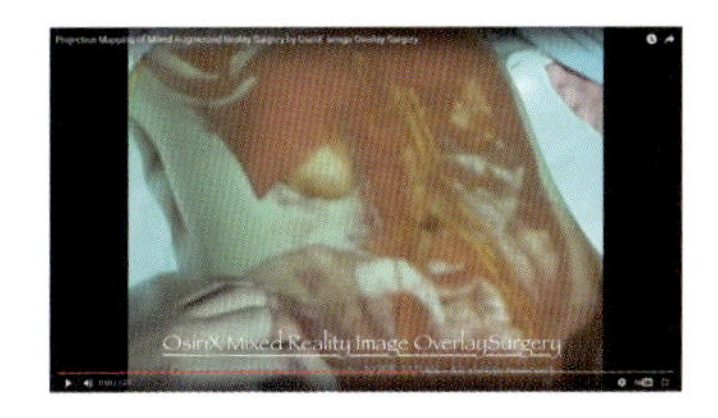

虫垂炎患者の腹部CTから作成した3D画像を、腹腔鏡下虫垂炎切除時に腹部に投影する方法で、手術の安全性・正確性と低侵襲性・整容性の両立を図った臨床例。このイメージオーバーレイ手術を杉本真樹が試み始めたのは2006年頃。当時は大がかりな器材の設置など課題も多かったが、技術の進展でVR/AR利用は格段の進化を遂げるに至った。

Movie 07 手術見学しているかのような臨場感が味わえる!

URL ● https://www.youtube.com/watch?v=C_sQyB9uggk
投稿者 ● Obesity Control Center

First Live 360 Bariatric Surgery, Dr Ortiz & Obesity Control Center

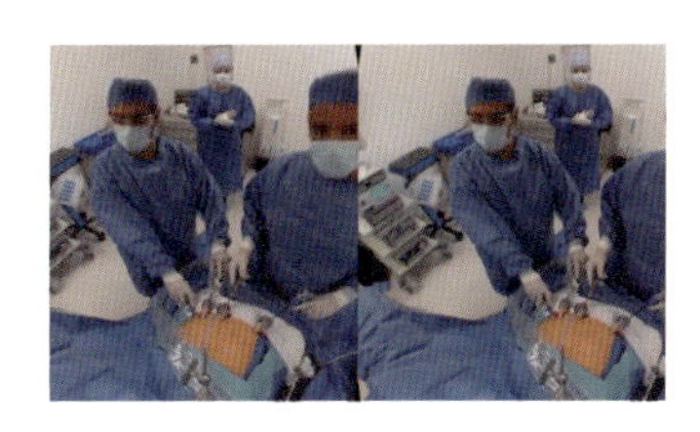

全天球カメラで肥満外科手術の様子を撮影し、ライブ配信された動画。パソコンのWebブラウザでは画面上をドラッグするか、画面左上の方向矢印をクリックすることで視点を変更できるが、ぜひ一度、ヘッドセットを装着したスマートフォンのVRビューワアプリで見てほしい。実際に手術見学しているかのような臨場感ある高精細VR動画を楽しめるだろう。

Movie 08　豊富な動画チュートリアルで VRコンテンツ制作にチャレンジ

URL ● https://www.youtube.com/watch?v=XX3fdx14xHM
投稿者 ● EON Reality

EON Creator: Creating a 3D Medical Tutorial

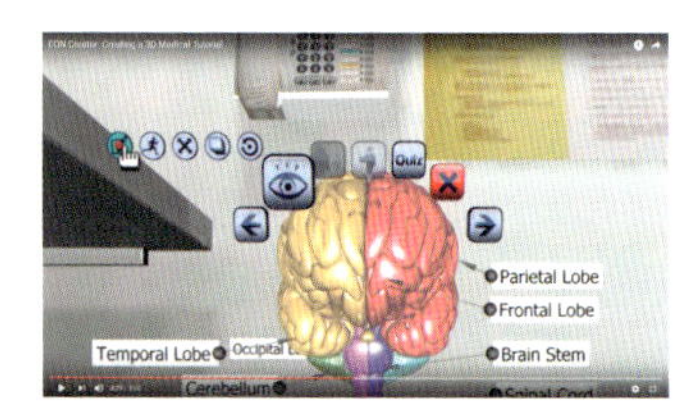

スマートフォンアプリ「EON Experience VR」を公開するEON Reality社が提供する制作ツール「EON Creator」による医療向け3Dコンテンツ制作チュートリアル。脳各部位に注釈を付けたり、クイズを作ったりといったことが、マウス操作で直感的に行える。YouTubeで「EON Creator」と検索すると多数のコンテンツ制作動画がヒットするので参考にしたい。

Movie 09　Oculusを用いた 世界初のロボット手術支援

URL ● https://www.youtube.com/watch?v=pGdeWdO5Efc
投稿者 ● Maki Sugimoto

World's 1st VR navigation for robot surgery with Oculus Rift and OsiriX stereo-3D in daVinci surgery

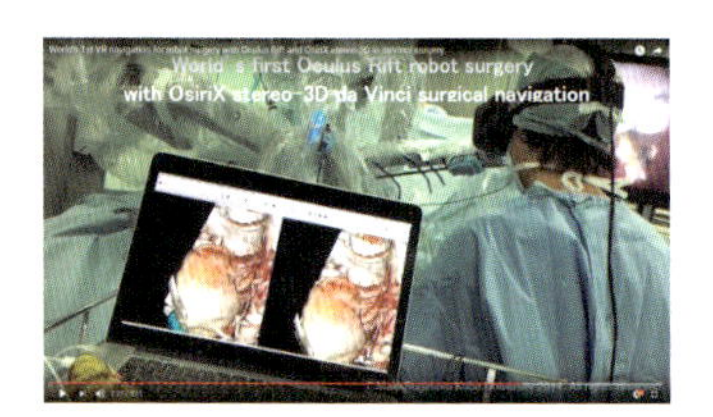

医用画像解析アプリ「OsiriX」で作成した患者の3Dボリュームレンダリング像からステレオ立体視を作成。ヘッドマウントディスプレイOculus Riftで、ロボット手術中の患者の解剖を3Dで確認し、ナビゲーションとして活用した試みを撮影した動画だ。外科手術でOculusを利用したのは世界初。このようなライブ手術は医学生や外科医の新しいトレーニング方法となるだろう。

Movie 10　解剖学教育での 3D効果の高さがわかる証言集

URL ● https://www.youtube.com/watch?v=4r6jUljCwe4
投稿者 ● zSpace

zSpace VR in Medical & Health Sciences

医療および健康科学を専攻する教育機関でのVRディスプレイ「zSpace」の活用例と、教員や学生による同ディスプレイを利用した教育効果についてのインタビュー集。「zSpace」開発のお膝元である米国では、初等教育での導入もすでに盛んだというが、このように視覚情報と名称、知識をセットで記憶しなくてはならない解剖学教育での3D効果は高い。

Part 2

臨床やリハビリ、医学教育で活躍するVR/AR活用レポート

医療分野でのVR/AR利用は端緒に就いたばかりだが、
長年にわたる根気強い取り組みが今、いくつかの領域で花開いている。
ここでは「リハビリテーション」「医学教育」
「ビジネス展開」「臨床応用」で実践され、結果を出している
4例をレポートしよう。

廃用手が動いた！ ARによる自己運動錯覚で、運動機能障害の新しい治療方法の道を開く

札幌医科大学

URL ● http://web.sapmed.ac.jp/　所在地 ● 札幌市中央区南1条西17丁目　設立 ● 1950年　沿革 ● 1950（昭和25）年、旧道立女子医学専門学校を基礎に、戦後の新制医科大学の第一号として医学部医学科の単科で開学。1993（平成5）年、札幌医科大学衛生短期大学部を発展的に改組し、保健医療学部を開設するなど、北海道で唯一の公立医系総合大学となる

KiNvis体験で脳卒中患者に現れた劇的な効果

札幌医科大学保健医療学部の研究協力施設である旭川リハビリテーション病院で観察された症例を2つ紹介しよう。

症例1は、脳卒中（左被殻出血）発症から11年経過した50代男性。10年前の退院時に廃用手といわれて以来、上肢の運動障害に対

取材は2016年9月14日、札幌市中央区の札幌医科大学で行った。写真は同大学保健医療学部正面

症例1

KiNvis 前

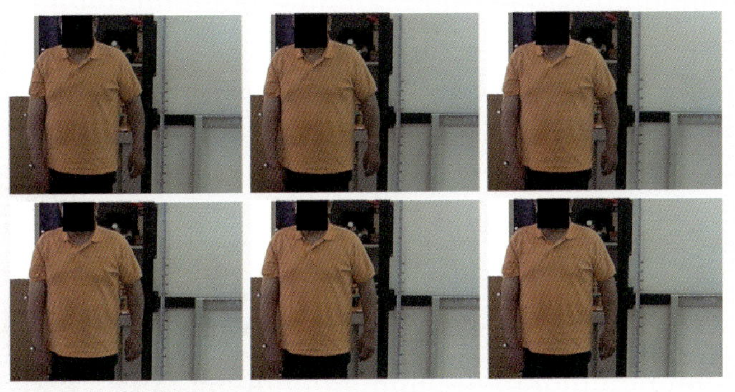

理学療法士の促しに患者は「うっうっ」とうめきながら応えようとしている。右図はその際の筋電図で、筋肉の活動は見られるものの動かない

KiNvis 後

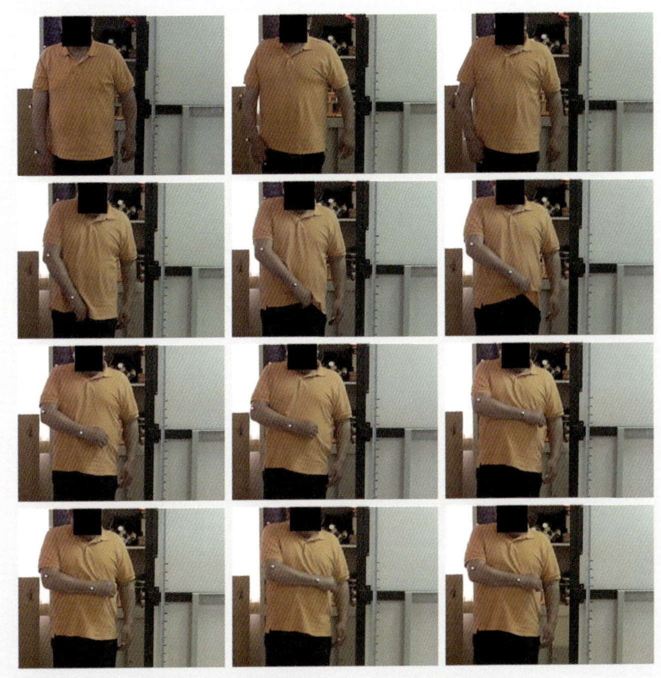

右腕が持ち上がったときの筋電図（右図）。廃用手が補助手として使えるようになれば、ADLの向上は計り知れない

するリハビリテーションは行っていない。在宅で自立した生活を送るが、利き手の右手は廃用手で、日常で使用されることはない。

「KiNvis前」の連続写真6点は来院当日の男性の様子。「はい、手を上げてください、頑張って、頑張って」と理学療法士が鼓舞しながら右手を動かすよう促しても、右手は少しも動く気配はない。「KiNvis後」の連続写真12点は引き続き、同学部の金子文成准教授らが開発したKiNvis（キンビス）を15分間体験してもらい、再度、右手を動かしてもらったときの男性の様子だ。肘関節がはっきりと屈曲し、腕が持ち上がっているのがぱっと見にもわかる。

症例2は、脳卒中（左被殻出血）を発症して78日経過、右片麻痺がある50代女性。軽度の表在感覚鈍麻、高次脳機能障害ありと診断されている。

「初期評価」の連続写真4点は、金属のトレーに入ったパチンコ玉よりやや小さい玉を示指と母指でつまみ、ラック上の金属トレーに移すリハビリテーションの様子。玉をつまむことはおろか、右腕の制御もままならない状態だ。この後、10日にわたり通常の上肢練習を行い、再度、玉を移すリハビリテーションを行ったが、右腕のコントロールに苦労し、状態はほとんど変わらない。「さらに10日後、KiNvis＋通常の上肢練習期間終了後」の連続写真8点は、KiNvis体験と上肢練習のセットを10日間行った後の様子である。示指と母指を器用に扱い、比較的無造作に玉をつまんで金属トレーに移動させることに成功している。

症例1と症例2で動作改善の大きな引き金となったKiNvisとは何か。また、症例1は廃用手が定型的パターンではあるが動いたケース、症例2は麻痺手はすでに動作するが、指先の繊細な動きを取り戻したケース。両症例の違いは、KiNvisが秘める可能性であり、人体の不思議であり、金子氏らが取り組む研究の奥深さでもある。

生々しい視覚情報が誘導する自己運動錯覚

通常、われわれは運動を実行することによって運動の感覚を知覚する。例えば、手首を返す、腕を伸ばす動作と同時に、手首が返った、腕が伸びた感覚を得るわけだ。しかし、いくつかの方法によって、実際に運動が生じていないにもかかわらず、運動が生じている感覚を知覚させることが可能なのだという。

大きな円盤状の回転体の前に立った人物の身体が、回転とは逆方向にかしぐ現象をテレビなどで見たことがある人は多いだろう。医療では、上肢切断患者に対して、健常な腕や手を鏡に映し、失われた手や腕が実際にあるように錯覚させることで幻肢痛を解消する、ミラーセラピーあるいは鏡の箱として知られる治療法もある。これらはいずれも、視覚刺激によって運動している感覚を錯覚させるというものだ。視覚のほかに、皮膚感覚、深部感覚が報告されている。

症例1の男性、症例2の女性が受けたKiNvisとは、視覚誘導性自己運動錯覚(kinesthetic illusion induced by visual stimulus)

症例2

初期評価

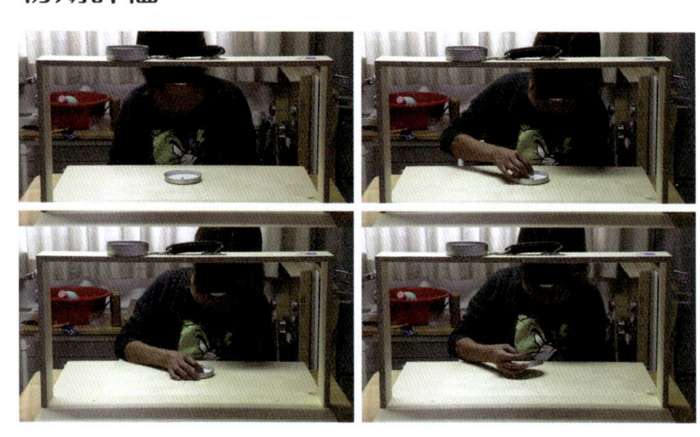

10日後、通常の上肢練習期間終了後

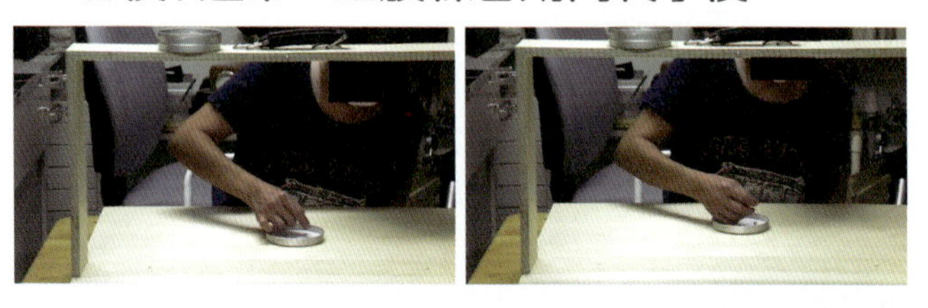

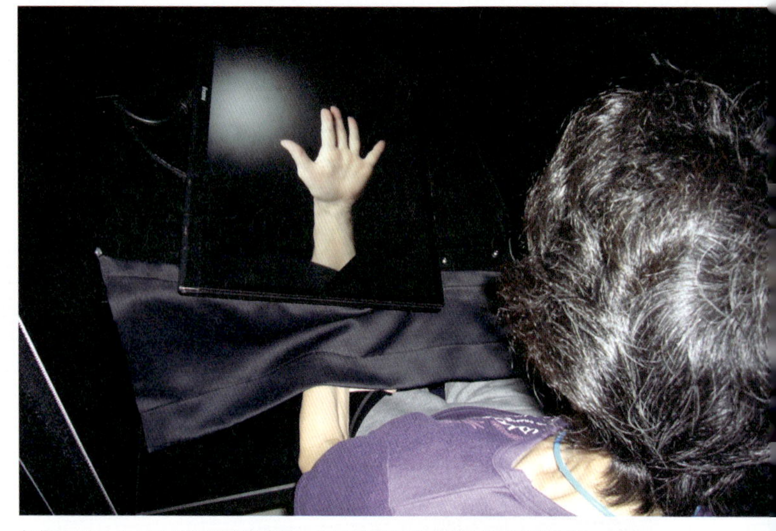

初期のKiNvisによる臨床試験風景。自己運動錯覚を引き起こす動画は、パソコン用液晶モニタで再生している。モニタ上の腕と患者の腕の境目は黒布で覆うような配慮もしている。ただし実際には「(映像と現実の腕の位置が)多少ずれていても、たいていは体性感覚が合わせられる。それだけ視覚情報は強烈であり、それゆえに視覚が優先的なフィーリングを引き起こすということなのでしょう」(金子氏)

さらに10日後、KiNvis＋通常の上肢練習期間終了後

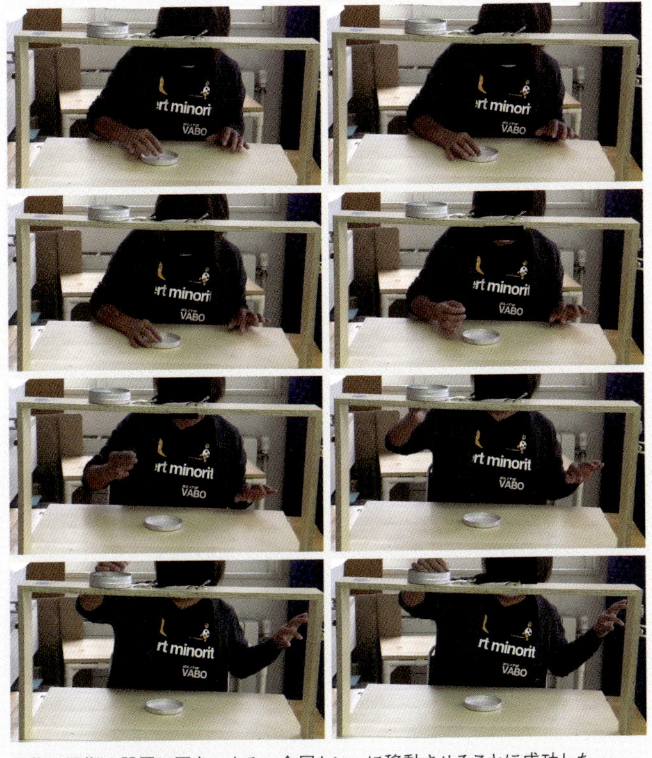
示指と母指で器用に玉をつまみ、金属トレーに移動させることに成功した

札幌医科大学保健医療学部
理学療法学第一講座准教授の金子文成氏

感覚運動科学＆スポーツ神経科学研究室のメンバー。実験室で方法を確立して臨床で試験するトランスレーショナルリサーチが研究室の身上だ

の略だ。金子氏は自己運動錯覚を「自分の身体は随意的にも他動的にも動いていないにもかかわらず、動いているような感覚を知覚すること」だと説明する。金子氏らはこの自己運動錯覚を視覚情報で起こすために、麻痺した患者の身体上にパソコンの液晶モニタを置き、あらかじめ録画しておいた四肢の動画を再生する方法を考案した。この方法は研究を重ねるうちにどんどん洗練され、スマートな方法に改良されているが、原理的には同じである。

症例1の男性も、廃用手側の右手の上にモニタを置き、他人の手が動く動画を再生したもので、この治療法の適用第一号であった。実験の効果はある程度予想していたものの、「本当にびっくりしました。一例目のKiNvisでこれだけ強い影響をいきなり確認できるとは。これはいける！と確信しました」と、金子氏は今なお興奮して振り返る。

ところで、症例1の男性の場合、脳のMRI画像は「左半球の異変が明らかで、かなり萎縮していました。しかも、運動の出力経路はその損傷部位を通っているのです。MRI画像では神経細胞が生きているかどうかわからないので、結局、KiNvisをやってみるしかないということになるんでしょうが…。この結果からすると、神経回路はおそらく残っているけれども、使えない状況に置かれていると推測できるのです。そこへ『どうやったら動かせるか』という(視覚的な)感覚を入れてあげることで、できるようになるのだろう」と金子氏。

男性はその後、KiNvisの後に

通常のリハビリテーションを行う治療を2週間ほど受けたが、それ以上、大きく改善することはなかった。しかし、半年ぶりの来院では右手をひょいと造作なく上げて見せた。「KiNvisで感覚をつかんだので、自宅で練習していたそうです。結果的に、KiNvisを数回体験しただけで、その後はKiNvisなしでもこの運動はできるようになった」という。このように重度の麻痺でまったく動かない患者の場合、KiNvisをトリガーとして筋電位を発生させられるようになれば、電気刺激を併用するなど手はいろいろある。リハビリテーションの幅も広がるはずだ。

症例2の女性の例は、KiNvisが脳の活性化に効果があることを示唆するものだ。現在、脳に直接的な刺激を与えて機能回復を図るリハビリテーションが注目され、主流になりつつある。例えば脳の病側の運動野を刺激して活性化を図る方法。それから健側の運動野が脳の左右の半球をつなぐ交連線維を介して病側を阻害する働きを、脳への刺激で抑制してやる方法などだ。

金子氏らは「脳への直接的な刺激ではなく、映像によって患者に鮮烈なフィーリングを起こして、損傷半球の運動野の活性化に役立てよう」と考えており、目下の研究のメインテーマでもある。

運動したくなるムズムズする感覚を引き起こせ

理学療法士であり、アスレティックトレーナーの資格も持つ金子氏の経歴は異色だ。

もともとアスリートに対するコン

症例3

KiNvis 中

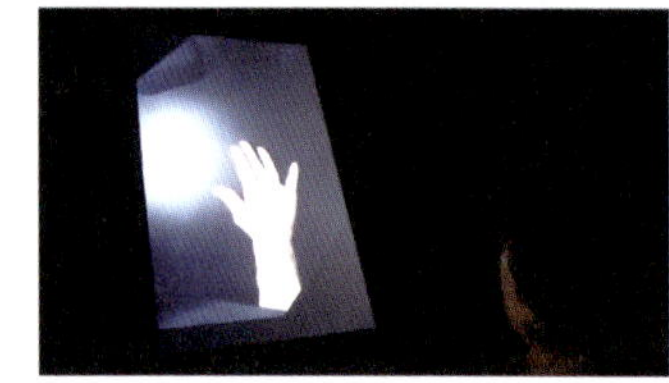
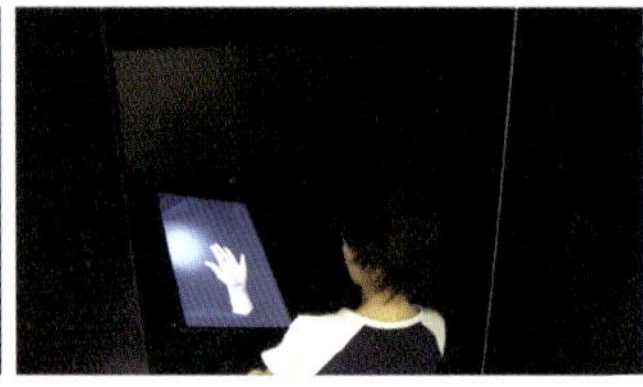

KiNvis 後のリハビリテーション

音や光を遮断して没入でき、モニタの角度や位置を調整して、現実の手と動画の手が連続して見えるような環境が、KiNvisの効果をより高める（上の連続写真2点）。下の連続写真4点はKiNvis後のリハビリテーションの様子。麻痺側の左手を器用に使えていることがわかる

症例4

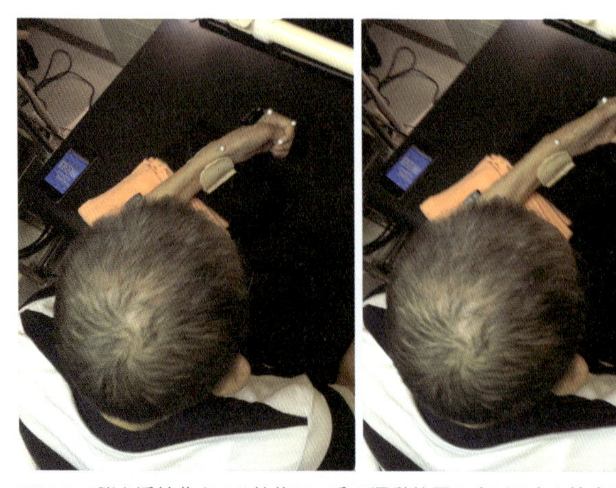

KiNvisで脳を活性化させる前後に、手の運動範囲の広がり方を検査しているところ

運動錯覚の誘起に伴って出現する筋収縮と関節運動

		動画開始直後		5分後		10分後	
強度(mm)		掌屈 12/100	背屈 14/100	掌屈 65/100	背屈 61/100	掌屈 80/100	背屈 84/100
内観報告		手が動いている感覚はない		手が後ろに引っ張られている感じがする		筋肉が動かされているような感じがする	
関節運動							
筋活動	ECR (撓側手根伸筋)						
	FCR (橈側手根屈筋)					 100 μV 3sec	

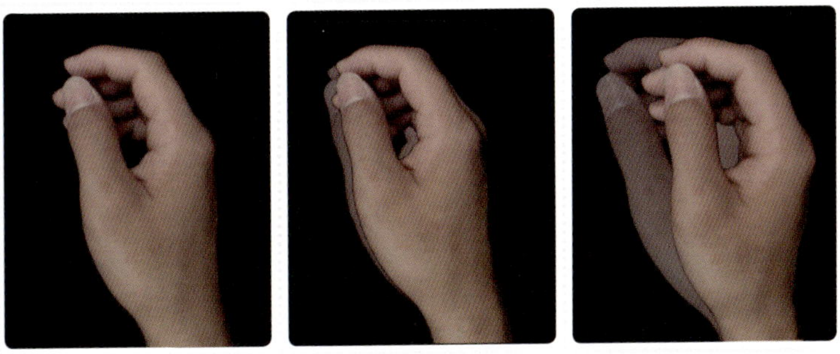

ディショニングを行ったり、ダイナミックな運動の解析などを専門にしていた金子氏。そうした中で興味を抱いたのが、運動での学習効果や動作の伝承活動だ。

「ゴルフや野球のスイング練習で、コーチがプレイヤーの背後に回って、手を添え、足を添えて『こんなふうなフォームで振るんだよ』と指導しているシーンを見たり、体験したりしたことはありませんか。私もスポーツ経験者なのでそういったことを体験していますが、この方法で他人に指導されても、うまい具合に学習に結びつかないことが割にあるんです。では、うまくいく場合はどういうときかというと、学習者は力を抜いて、指導者と一緒に動いて、その動きを『ああ、こういうふうにやるんだ!』とつかめた瞬間からうまくいき始める。実験的にいうと『自分がやったつもりになってその感覚を持つことで、感覚に基づいて運動を出力できるようになるだろう』という仮説を立てたということですね。では『やったつもりにさせる』『感覚をつかませる』にはどんな方法がよいだろうかという方向に進んで、映像を使い始め」、感覚入力をいかにうまく活用して身体が動かない人や、ハイパフォーマンスしたいアスリートに役立てるかに取り組むことになる。

2004年頃には国立研究開発法人産業技術総合研究所(産総研)の研究員として、KiNvisのもとになる研究に取り組み、2007年に視覚誘導性自己運動錯覚に関する初めての論文「Kinestheticillusory feeling induced by a finger movement movie effects on corticomotor excitability」を発表。2008年より札幌医科大学の所属となり、現在は脳機能に特化して研究を続けている。

視覚を運動誘発のきっかけに使う同様のアイデアは、四肢切断者の幻肢痛を改善するミラーセラピーなどにもすでにあったが、「私は医療の現場にいる人間ではなかったので、そういう情報は持っていなくて。モニタを使って身体を置き換えて見せたら面白いかもしれないと考えて、実際にやってみたら運動したくなるようなムズムズする感覚を持てたので、『これは何かあるな』と進んでいった」のが、KiNvisに至る研究の動機と、現在のモニタによる視覚入力発案のきっかけだという。

KiNvisのキモである麻痺手が動くシーンはバーチャルであり、この動画を見ることで、動かないはずの手があたかも動くかのような感覚を抱くのは、まさにAR(augmented reality：拡張現実)そのものだ。

KiNvis製品化間近、次の目標はVRによるリハビリだ

金子氏らの研究「自己運動錯覚誘導リハシステムの開発と臨床応用」は、国立研究開発法人日本医療研究開発機構(Japan Agency for Medical Research and Development：AMED)のプロジェクト「未来医療を実現する先端医療機器・システムの研究開発」のうち、慶應義塾大学を中心とする「麻痺した運動や知覚の機能を回復する医療機器・システムの研究開発」の一翼を担うもので、

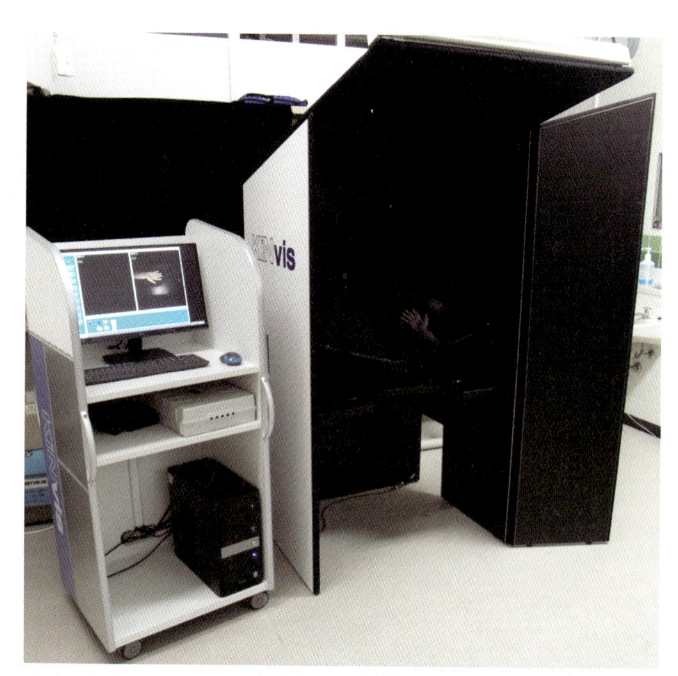

KiNvisの試作品。防音・遮光ボードで三方を囲み、モニタ裏側に配置したカメラで健常側の手の動きをリアルタイムに撮影して反転、本人の手による動画でKiNvisを体験できるよう工夫されている。「患者さんがきて座って、中に手を突っ込んだら外部でオペレータが操作して、いきなり始められる仕組みです」。
米国やヨーロッパでも特許を申請し、各種学会や展示会にも展示している。製品版はインターリハ株式会社からの販売も決定している

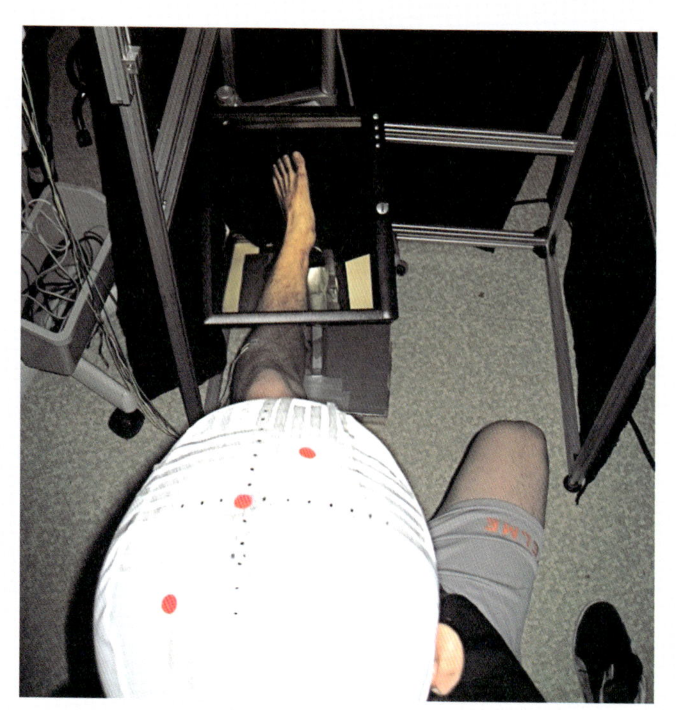

下肢の麻痺に対するKiNvisの開発も進めている

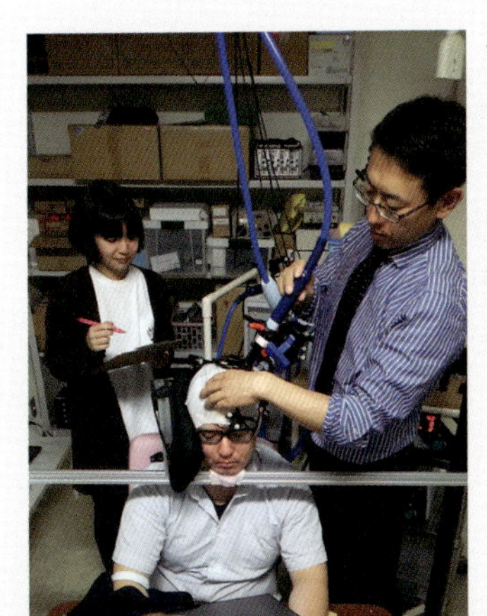

研究室では目下、頭頂葉を磁気で刺激する経頭蓋磁気刺激という方法で運動野に興奮を伝え、手の筋活動を測定している（写真上２点）。KiNvisを実施した状態で経頭蓋磁気刺激した際の筋活動、KiNvisを行わない状態で経頭蓋磁気刺激した場合の筋活動を比較して、KiNvisが脳の活性化に及ぼす影響を調べている

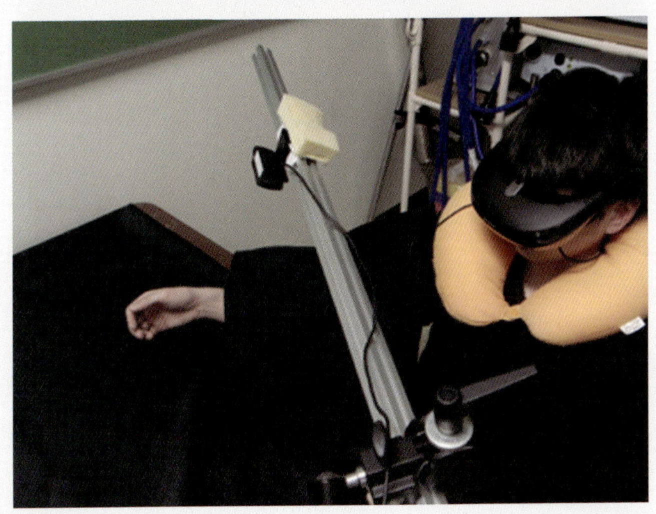

ヘッドマウントディスプレイを用いたシステムは、将来的にMR（mixed reality：複合現実）技術を応用した治療になるだろう

AMEDプロジェクトでのミッションは「錯覚を誘導する映像装置の開発」および「他のシステムとの統合」である。そして薬機法（医薬品、医療機器等の品質、有効性及び安全性の確保等に関する法律）の認証あるいは承認を得た製品を市場に出し、輸出にまでつなげることだ。

「製品化は比較的近いと思っています。製品は、モニタの下に患者さんの手を置いて動画を見てもらう、いわば第一世代のKiNvisを原型としたものです」

だが、「私たちが本当に目指しているのは、ヘッドマウントディスプレイの中のリアルな空間に患者さんの身体が存在し、障害部分をバーチャルな健康体で置き換えるようなVRの技術を取り入れた世界なんです」。アミューズメントの世界や実際には存在しない架空の空間をユーザーが体験するのが現在主流のVRだとすれば、金子氏が思い描くVRはその逆だ。

目標は「自分が見ている世界で、本来動かない手が動いているさまを見ることで、自分の身体が動いているかのように感じ、そのフィーリングが出てきたときに運動系がドライブされ、運動出力系のネットワークが活性化される。それを応用してリハビリテーションにつなげていく」こと。技術的な問題もさることながら、KiNvisの適応範囲の明確化、効果的な使い方、マニュアル化も含めると、あと5～10年はかかるだろう。第一世代KiNvisの製品化はスタート地点のようなものと語る金子氏のゴールは、さらなる高みにあるようだ。

Chapter 02 医学教育

没入感たっぷりの3D画像、触感を再現した臓器モデルをみんなで体感、共有し、振り返るVR人体解剖授業

鷗友学園女子中学高等学校

URL ● http://www.ohyu.jp/　所在地 ● 東京都世田谷区宮坂一丁目5番30号
設立 ● 1935年　沿革 ● 東京府立第一高等女学校（現東京都立白鷗高等学校）の同窓会・鷗友会により、母校創立50周年記念事業の一環として鷗友学園高等女学校の名で設立。創立当初の校長は女子教育の先覚者といわれた市川源三、その後を継いだのは、キリスト教精神による全人教育を心の教育の基盤とした石川志づである

2016年9月21日、杉本真樹は鷗友学園女子中学高等学校で、高校1年生全員が対象の特別授業と、希望者を対象にした特別セミナーを行った。

本稿では、特別セミナー「3D化とVRが医療や医学教育に与える効果」の抜粋と、参加した生徒たちの様子や感想、セミナーを通じてVRがもたらした学習や教育効果をレポートする。

取材は2016年9月21日、東京都世田谷区の鷗友学園女子中学高等学校で行った

高齢女性の実物大肝臓モデル。2つの小球体は大腸から転移した癌だ。「癌のうち1つがちょうど肝臓の真ん中にあるので、右葉を切除して左葉を残すのか、あるいはその逆か、非常に迷った症例です。ボリュームだけで判断すると左葉を切除すべきかもしれませんが、肝臓モデルで検討したところ、左葉の血管がよく発達しているので、予後も検討して左葉を残すのがベストだと判断しました」。臓器モデルを参考にしたオーダーメイド医療の真骨頂だ

質感を保った実物大の肝臓モデルを手にする生徒たち。3Dプリンタで直接造形する硬質な透明の立体臓器モデルとは異なり、患者の臓器画像を反転して造形した型モデルに、液体糊の主成分と同じポリ酢酸ビニルを流し込んで製作している。色味は赤黒く、牛や豚のレバーでなじみ深いプルプルした触感を維持している

外科手術ナビゲーターとしてのVR活用

ヘッドマウントディスプレイ(HMD)によるVRが世界的にブームだ。用途はエンターテインメント先行だが、私はHMDを医療に活用したいと考えている。

情報は加工して初めて価値を持つ。患者のレントゲン画像は単なる情報である。カルテの内容も情報にすぎない。レントゲン画像を3D化すると情報量と価値は格段に上がる。3D画像を参考にすることで手術は短時間に済み、正確に行えるようになる。手術にもカーナビのようなナビゲーションシステムがほしい。外科手術にはナビシステムはなく、場合によっては試験手術をすることもある。

特に最近は、患者の腹部にカメラを差し込み、内部の映像を外部モニタで見ながら手術する内視鏡手術あるいは腹腔鏡下手術が盛んだ。開腹せず、数cmほどの小さな穴に鉗子や電気メスなどの器具を差し込んで手術を行う。しかし多くの場合、内臓は脂肪に埋もれていて、どこに癌があるか、ぱっと見ただけではわからない。血管も脂肪に埋もれているので、どこに血管が走っているかわからなくて、不用意に切離すると血が吹き出してきたりして慌てることもある。「もう少し先には血管がある」「そのまま右に進めていくと癌がある」とか、「その部位には血管がないから切離しても大丈夫だ」というのがわかったらよい。カーナビがドライバーに便利さと快適さを与え、運転技術の向上ももたらしたように、外科手術ナビも有効だろう。

外科手術ナビは、術野近くで表示できるのが理想だ。これを発想した当時は機器や技術も不十分だったが、患者の患部にレントゲンの3D画像を重ねて表示する方法を考案。イメージオーバーレイと名付けた（その後、この技術はプロジェクションマッピングといわれるようになった）。HMDを使えば、もっと簡単に同様のことができるようになるだろう。

VRは滅菌環境を要求する医療に向いている

手術中に参照している3D画像の表示アングルを変えたり、回転させたりするのに、最近ではジェスチャーコントロール技術を用いている。滅菌手袋によるモニタやマウス、キーボード操作は厳禁。赤外線センサーが手のジェスチャーを察知し、画面を制御してくれる技術は、手術室という特殊環境で特に有効だ。これが数千円で実現できる。

HMDで閲覧するVRコンテンツは、無料の医用画像解析アプリのOsiriX（オザイリクス）で出力し、作成できるシステムを開発した。両眼視差により立体的に見え、ヘッドセットを装着した頭部の前後左右の動きに連動して視点も変わる。VRコンテンツを無料で作成できるエンジンUnityは、インターネットで無料で公開されているので誰でも利用できる。今や、医師も自分で患者専用のコンテンツを簡単に作れる時代だ。

このOculus RiftというHMDのほかに、今日、皆さんに体験してもらいたいと思って、富士通に協力いただいて教室に持ち込ん

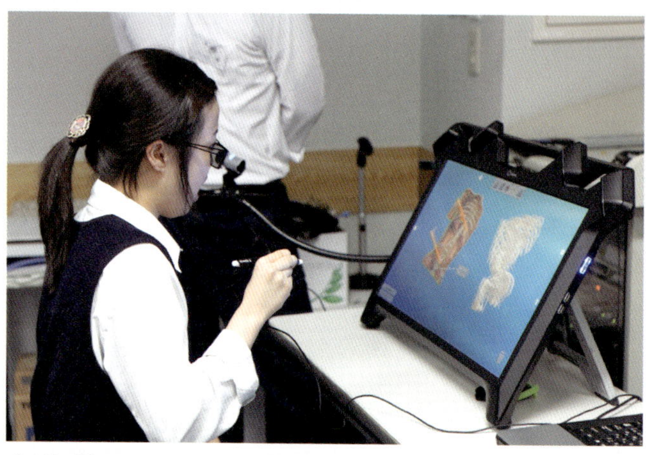

ガイドに従ってzSpaceを試す。「臓器が手に取れるくらい目前に見えて、とてもわかりやすかったです。（画面内の）臓器に（スタイラス）ペンが触れるとぶるっと感触が伝わって、つかんで引くと反応が返ってくるのがすごい！」

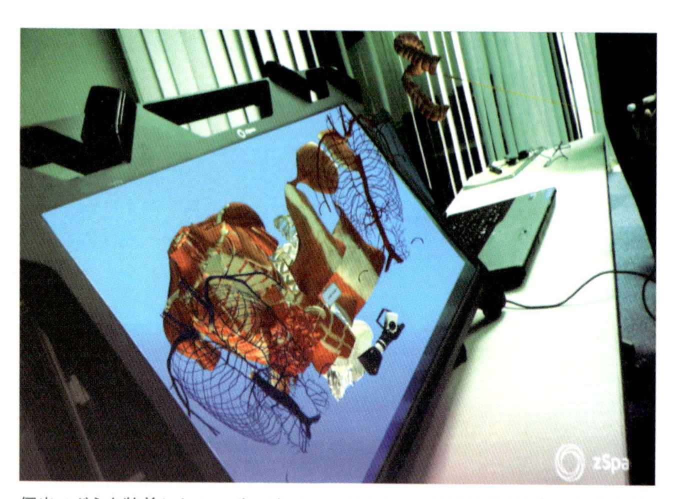

偏光メガネを装着したユーザーがzSpaceで見えている状態を再現した合成画面。画面に表示されている人体モデルは有償の教育用パッケージ「zSpace Studio」内のオプションコンテンツ。中空に浮かぶ臓器は、画面内をスタイラスでピックして引き上げた状態の大腸である

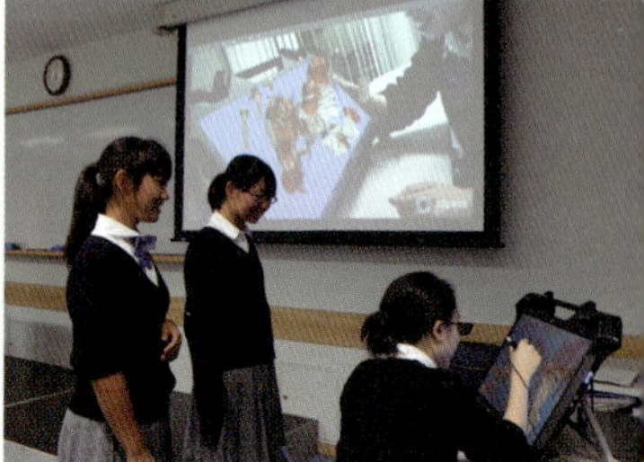

「どんな感じ？　すごいよねー」。個人で体験し、個人的な感覚として飲み込むのではなく、同じくzSpace体験をしたグループのメンバーらが一緒に振り返り、「ここがすごかった」「私はこう感じた」と違いを互いに確認し、共感した経験が学習として残る

だ機器はzSpaceというシステム。偏光メガネを装着したユーザーには3Dモデルが立体的に画面から飛び出すように見え、専用のスタイラスでつかんで、自由に回して眺められる。その模様は市販のWebカメラで撮影した映像とzSpace内のオブジェクトをソフトウェア（zView）で重畳合成し、ユーザーにどんなふうに見えているかをモニタやプロジェクタで見ることもできる。インターネットでも共有できるので、教室と離れた遠隔地のプロジェクタでも見られる。実物がなくても立体的な体験ができるのが特徴だ。これも外科手術ナビに利用している。患者に直接触らず、内臓の3D画像を術

コミュニケーション&シェアしながら VRコンテンツを体験できるVRディスプレイ

zSpace

専用の偏光メガネでVRコンテンツを体験できるVRディスプレイ。ユーザーの視界をすっぽり覆ってしまうようなHMDタイプではないため、VR酔いしにくい特徴があり、体験中もコミュニケーション可能。オブザーバも偏光メガネを装着すれば複数人でコンテンツを共有したり、オプションのzViewを利用することで疑似的に表現された3D画像を外部モニタに出力できる。操作はスタイラスで直感的に行えるので、幅広い年齢層のユーザーがすぐに楽しめる。

価格●要問合せ　開発●zSpace社　製造／販売●富士通　URL●http://www.fujitsu.com/jp/solutions/business-technology/vr-solution/

野付近の中空に表示できるのは、滅菌環境の手術室に適している。

臓器モデルによる可触化と高い学習効果

バーチャルは素晴らしい。しかしバーチャルはしょせん仮想であって、現実ではない。手触り、硬い、柔らかい、湿っている――。バーチャルは可視化がすべてではない。最も足りないのは触感だ。最近では触れる技術、可触化の研究が進んでいる。私も可触化に取り組んでいる。その一つが3Dプリンタによる臓器模型の制作だ。患者の3D画像をポリゴン形状のデータに変換すると、3Dプリンタで実物大の臓器を造形できる。手術の前に作っておけば患者自身の臓器模型で手術のシミュレーションを行える。いわば医療のオーダーメイド。実際の手術は2回目、1回目は練習で済ませている。医師が自信を持って安心して手術に臨めるのが、安全な医療の第一歩だ。滅菌処理が可能なので、手術中も実際の内臓と比べられる。中が透けて見えるため、血管の走行や癌の位置も随時確認できる。

模型は患者説明にも向く。病気への理解が深まる。癌は怖い、向き合いたくないという気持ちはわかる。しかし、本人が知ることは重要だし、勇気をもって立ち向かうのが治療の第一歩になる。実際に模型で本人の癌を見せると「よし、私はやるぞ！」と治療へのファイトがわく患者は多い。治療にも協力的になる。可視化と可触化の効用だろう。

触感を保った臓器模型の造形

Oculus Riftを装着して、実際のCT画像から生成したVR人体解剖コンテンツを閲覧する。「自分自身が浮いて、(人体の中に)入り込んだ感じがした」「VRは初めての経験で、すごく新鮮でした」。感嘆の声を上げながら、ヘッドセットを装着した頭を上下左右に振って、人体VRの世界に没入し、現実離れしたシチュエーションながら、圧倒的なリアリティを堪能する。飛び入りでヘッドセットを装着した教員が声を上げる様子に「先生、のけぞってるよ！」。「教師と生徒の間には通常、リテラシーのギャップがあり、教師はなかなか自分のハードルを下げられない。それがいったんヘッドセットを装着してVRに没入すれば、教師や生徒の立場の違い、年齢や性別も関係なく素の自分を他人にさらけ出せる。それを見るにつけ、お互いの間のギャップを埋められる。今日のように先生と生徒が一緒にVR体験するのがポイントだと思う」と杉本真樹は語る

外部講師を招いたホームルームは鷗友学園伝統

高校1年生の「心を動かすプレゼンテーション」

放課後のセミナーに先立ち、6時間目の高校1年生のホームルームでは、杉本真樹による特別授業が行われた。同校では外部講師による特別授業を年2～4回程度開催。最近では、東京工業大学名誉教授の橋爪大三郎氏、サイエンスナビゲーターの桜井進氏を招いている。このような外部の講師を招いての特別授業は「私が着任する以前から実施していましたので、おそらく三十数年以上続く本校の伝統」(進路指導部長の前澤桃子氏)だという。特に高校1年生は秋に文理選択を控えているため、「各界の第一線で活躍している方のお話を聞いて、世の中には自分の知らないことがたくさんあって、いろいろな可能性があること」を知ってもらうのが目的だ。

杉本は、現在の自身のミッションである医療の可視化・可触化への取り組みを発表しながら、「心を動かすプレゼンテーション」の具体的な方法論を説く、二重構造のプレゼンを展開。年間150回程度行うプレゼンで培った経験、TEDのプレゼン巧者のエピソードなども盛り込み、生徒たちをぐいぐい引き込んだ。

高校1年生ながら、スライドを使った本格的なプレゼン経験者も多く、「印象に残る話術の構成」「散漫にならないテーマの絞り方」「スライドの効果的なレイアウト」「NGワード集」など、実例を交えた実践的なプレゼンテクニックは、大いに関心を引いたようだ

も実現している。この肝臓モデルは内部に血管も走っている。超音波画像では内部の血管を本物同様に確認できる。血管や内臓脂肪、脳の臓器モデルも造形できる。血管を電気メスで誤って傷つけると、びゅっと出血する。これらを組み合わせ、さらに内視鏡手術と同じように、ポートを通じて鉗子や電気メス操作を行うシミュレータも開発した。

以前の手術前のカンファレンスでは、X線写真を見ながら検討しても、意見が割れたりして結局は、「開けてみないとわからない」が結論で、答えを保留にして手術に臨むこともあった。しかし、臓器模型をスタッフたちが触りながら、どこからアプローチすべきか、どこを切除するのがベストかなど、突っ込んだ検討が可能になった。今は答えがここにある。手術中に迷うことはないし、手術時間も短縮できる。

模型を囲んで学生らが集まっている動画は神戸大学医学部の4年生の授業の様子だ。内臓模型を皆で触っていると、学生らが自発的にディスカッションを始める。これはすでにチーム医療そのものだ。

物理学者のアルベルト・アインシュタインは「Learning is experience. Everything else is just information.」と言った。学習とは経験である、それ以外のあらゆることはただの情報にすぎない。レントゲン画像をもとに作った3D画像や立体臓器を体験させ、シミュレーションやディスカッションで経験に変える。医学教育はやがて、このようなスタイルになっていくのだと思う。

プラスチック製ルーペを輪ゴムで割り箸に固定し、スマートフォンと組み合わせた簡易VRゴーグルで、医療系VRアプリVR Body Guideを楽しむ

医学部や医療系学部志望者など、杉本の周りに生徒たちの輪ができる。進路のアドバイスを求める生徒、セミナーの感想を述べる生徒。今日、初めて会う人物でも物怖じすることなく、積極的にコミュニケーションを図ろうとする姿勢はたくましい

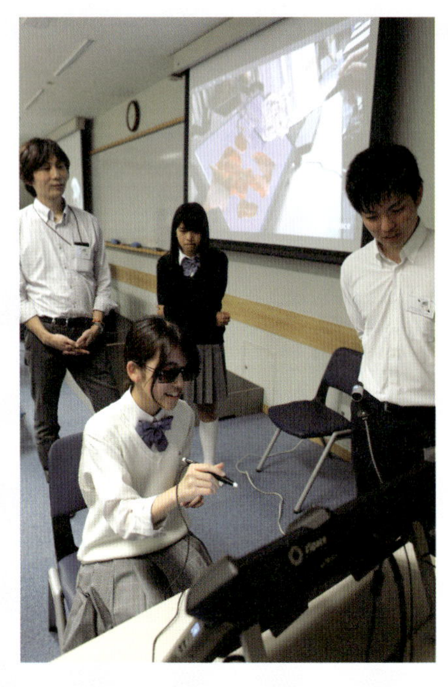

zSpaceのセッティングと操作のガイド役を務めた、富士通統合商品戦略本部ソフトウェアビジネス推進統括部VR/ARソリューション推進部の宮隆一氏(左)と小川大輝氏

VRコンテンツや臓器モデルを体験してもらった特別セミナーは、同校教師にはどう映ったか

高校募集をしない完全中高一貫校の同校では、中学入学時は3日に1回の席替えを実施。仲よしメンバーによる小集団の偏りや、生徒の孤立を防ぐためだ。その結果、クラスのほぼ全員と話しやすい関係ができる。

こうした細やかな配慮に基づいた環境づくりによって、校長の吉野明氏は「お互いを認め合いながら、『一緒に頑張ろうね』という雰囲気ができているのが当校の校風だと思います。だから、(講師の杉本真樹への質疑応答などで)積極的に発言できるし、素直に自分を出しても周囲が茶化さないので、率直な感想を言えていた」と言う。

教諭の前澤桃子氏は、「大半が高校1年生の中に2年生と3年生も含まれ、学年が入り混じっているよさがありました。先輩後輩の垣根を越えて、ともに驚き、探求する姿をお互いに見ることができました。VR体験ももちろんですが、臓器モデルを手にとる経験もすごく反応がよくて、『この患者さんは助からないよね』とか『この血管は切ったらアウトなの?』など、友達と会話しながら、自分たちで探求心を高めていけるものなのだと思いました」と語る。

「まさに共感していましたね」。今回のVR体験や臓器モデル体験は、隣の友人、周囲のクラスメートと共感し、参加しなかった友人や家族には、今回得た情報を語り、視覚や触覚体験で得た驚きや感想を伝えようとするだろうと、教諭の木戸英輝氏。これが可視化や可触化の効果であり、VRの秘める高い学習効果の表れといえるだろう。

校長の吉野明氏。「女子校では特に教員の上から目線での指導はご法度。私たちはまず横の関係で『そうだよね』と受け止めてから、斜め上の関係で指導することが大事。今日は生徒と教員が本当に同じ次元で体験できた点で、よい経験でした」

進路指導部長の前澤桃子氏。「昨年の杉本先生の特別セミナーは医学部志望者に限定しましたが、今回は医用工学など、医療系以外の進路志望者にも参考になっただろうと思います。今後も最先端に触れる機会を増やしたいです」

高校1年学年主任／学習指導部総合学習係長の木戸英輝氏。「プレゼンテーションを論じた特別授業では『このプレゼン、先生にも聞いてほしいね』という感想も。私も勉強になりました。感じることに教師と生徒の区別はありませんね」

ゲーム開発で培われた技術、スキル、ノウハウを新しい医療ヘルスケアサービスに惜しみなく注ぎ込む

谷口直嗣

URL ● https://www.facebook.com/naoji.taniguchi　略歴 ● 1970年兵庫県西宮市生まれ。横浜国立大学工学部建設学科卒業後、株式会社日本総合研究所に勤務。その後、ナブラ（現ライジン）R&D部門を経て独立。コンソールゲーム開発／企画、Web開発／企画／ディレクション、インタラクティブアートや展示物の開発、スマートフォンアプリの企画、開発などを手掛ける

医療系VRアプリを世界で初めて開発する

App StoreやGoogle Playで公開されているスマホアプリVR Body Guideは極めてシンプルなVRアプリだ。アプリを起動すると［Mono］（一眼）モードと［VR］モードの選択画面が表示され、それぞれで頭部と胸腹部の解剖を閲覧できる。［VR］モードにはさら

インタビューは2016年9月16日、東京都渋谷区のTECH LAB PAAKで行った。TECH LAB PAAKは、ビジネスや社会的取り組み、研究などの分野でイノベーションの創造を応援する目的でリクルートが運営するオープンイノベーションスペース（URL ● http://techlabpaak.com/）

に、頭部では脳／骨／軟部組織のレイヤ、胸腹部では心臓／骨／軟部組織のレイヤの表示／非表示が行える。非表示にしたい部位のレイヤをタップ、あるいは全レイヤ表示の状態で［view］ボタンをタップすれば、体内巡りツアーがゆっくり始まる。Google Cardboard型のヘッドセットに装着したスマートフォンを動かすと視点が変わり、体表や体内からの眺めを楽しめる。

機能はたったこれだけ。医療従事者には正直、物足りないかもしれない。しかし、このアプリは二重の意味ですごい。CT画像をもとに作成された初めての医療系VRアプリであり、専門的な解剖知識を持たない人でも人体構造がわかること。そして操作方法が直感的で、子供でも大人でも高齢者でも、数分も触っていればすぐに使えるようになるユニバーサルなインターフェイスであることだ。

このアプリを杉本真樹とともに開発したのが谷口直嗣氏だ。アプリの素材となる人体のポリゴンデータは、杉本が実際のCT画像から生成し、谷口氏がアプリに仕上げた。

ところでこの谷口氏、対談やインタビュー記事がインターネットに掲載されていたり、手作りのVRアプリとヘッドセットでVRを楽しむワークショップを開催したり。かと思えば、話題の人型ロボットPepperで動作するユニークなアプリを多数開発するなど、多方面で活躍するテクノロジストでもある。

そして今後、医療向けのVRシステムの開発に注力していくという。CGのR&D(研究開発)やゲー

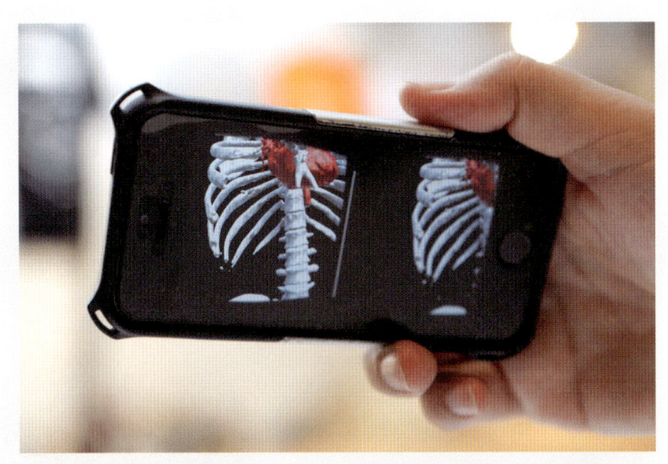
杉本真樹と開発したスマホアプリ「VR Body Guide」(詳細はPart 4参照)

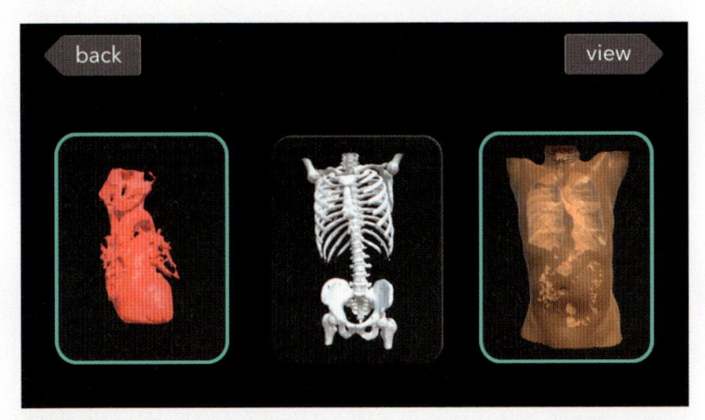

非表示にしたいレイヤをタップすると、枠がグレー表示になる。再度タップして緑表示にすると表示レイヤになる

ム開発などを経て医療分野にかかわるようになった契機、現在のVR/ARブームで大きな注目を集めるようになった谷口氏のバックボーンを聞いた。

医療技術の向上に VRは何かしら使える

「某出版社が発行する分厚い『家庭用医学事典の原稿データを使って何か面白いデジタルシステムを作れないだろうか』という知人の編集者の相談がもとで、医療について調べているうちに杉本真樹さんのインタビュー記事をたまたま見つけました。『この人は面白そうだ』と直感し、Twitterのアカウントを検索してメンションを飛ばしました」。杉本からはすぐに返事があり、3日後には実際に会って、互いの関心領域を話し合うことに。

「杉本さんは(CTやMRIの) DICOMデータから3Dプリンタで立体臓器を作ったりしていました。一方、私は(医用画像解析アプリケーションの) OsiriX(オザイリクス)の使い方を教えてもらって。OsiriXはポリゴンデータを出力できるんですね。ポリゴンが出力できるならしめたもので、VRコンテンツは容易に作れるはず。私がまず思いついたのは、頭蓋骨の中をのぞくこと。さっそくアプリを作り、それを『オキュフェス』(当時)というOculus Rift用アプリの開発者たちが自作のアプリを見せ合う会合に持っていってメンバーに見せたところ好評」を得て、着眼に自信を持った。Oculus Riftとはハイエンドのヘッドマウントディスプレイ(HMD)の代表的機種。

頓智ドットが2009年に公開したスマートフォンアプリ「セカイカメラ」(©京都国際マンガミュージアム)。緑色やオレンジ色の吹き出しがエアタグ

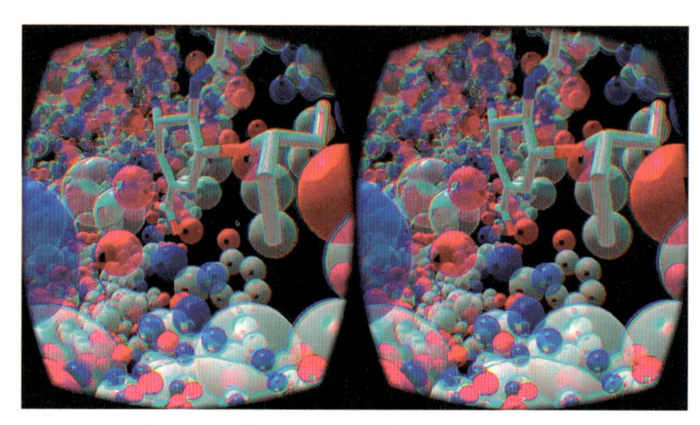

インフルエンザウイルスに対するタミフルの作用機序をVR動画にした。創薬に携わる知人から、立体の分子構造を裸眼立体視で見ているという話を聞き、HMDならもっと楽に観察できるのではと思って作成した。YouTubeで「How tamiflul works to influenza virus」(URL ● https://www.youtube.com/watch?v=aX-S5JMczro) として閲覧可能

顔を上下左右に動かしてロケット戦闘機を操縦し、笑顔で弾を発射するシューティングゲーム「Smile Shooter!」。顔認識できるIntel RealSenseカメラの解説書『Intel RealSense SDKセンサープログラミング』（著：初音玲、中村薫、前本知志、斎藤裕佑、谷口直嗣／発行：翔泳社）を共同執筆した際、デモ用に作った

フラワーデザイナーと一緒に花を生ける独KUKA社の軽量ロボット「LBR IIWA」。人間と同じスペースで作業できる特徴をアピールするために、フラワーデザイナーの協力を得てプログラミングした。写真は「2015国際ロボット展」でのKUKA社の展示ブースの様子

オキュフェスは現在ではJapanVR Festと名称変更して活動中だ。

結局、家庭用医学事典のデジタル化が進展することはなかったが、これをきっかけに人体や医療の3D化への関心が高まった。さらに、手術支援ロボットda Vinciの操作体験を通じて、医療においても3Dの有効性を思い知る。da Vinciは左右別々に設けられたステレオビューワを見ながらマスターコントローラで鉗子を遠隔操作する仕組み。3Dで見ているから前後関係がわかりやすく、微小な突起に輪ゴムを引っ掛ける繊細な操作が、初めて触った谷口氏でも容易にできた。一方、通常の内視鏡手術は、モニタでは奥行き感を得られないため、高い技術と習熟を要する。

「車の運転でも、3Dで見ているから特に意識せず何気なくできていますけど、モニタだけで運転するとなるとかなり難しいはず。どう難しいかを言語化するのは厄介だけど、運転経験のある人には感覚的に理解してもらえると思います。立体のものを3Dで見るというのは、つまりVRということ。医療技術の向上にVRは何かしら使えると思いました」

エンターテインメントの主戦場はスマホだ

大学では構造力学や流体力学などを学び、4年次には和船の櫓漕ぎのシミュレーションを研究。卒業後、日本総合研究所に就職するが、職場で見た「日経コンピュータ」でCG制作会社の求人広告を見て応募。そこからCGのR&Dを手掛けることになる。「CG

の制作経験はありませんでしたが、エンターテインメントにかかわる仕事に就きたい思いが漠然とありました。しかし、高校時に理系に進み、大学で工学を学ぶと、進路先にエンターテインメントという選択肢はありませんでした。その経緯から『CGでもやってみようか』という流れでしたね」。

転職先のナブラはCMのCG制作を主に手掛けるCGプロダクションで「既存のCGソフトではできないこと、例えば流体シミュレーションを行って煙の動きを作ったりしました。当時のCGソフトは基本的なレンダリングやアニメーションができる程度で、今のようにさまざまなシミュレータはなかったので、CG制作時に出てくるリクエストに応える形で。CGのモデリングやレンダリングはしません、プログラミング専門です」。

その後、仕事仲間に誘われ、フリーランスとして任天堂の家庭用ゲーム機NINTENDO64やWiiのゲームソフト開発にかかわった後、頓智ドットに入社する。頓智ドットといえば、iPhoneが日本で初めて発売された当時、公開されたセカイカメラの開発で有名だ。セカイカメラはスマートフォン内蔵のカメラを通じて画面に取り込んだ実際の景色の上に仮想のタグを表示するアプリ。このタグは「エアタグ」と呼ばれ、場所や建物などに関連する文字や画像、音声などのメタ情報を表示できる。AR（augmented reality：拡張現実）の不思議な世界を、発売されたばかりのiPhone 3GSで体験できるとあって、非常に話題になった。

「頓智ドット立ち上げの頃に誘ってもらって入社しました。セカイカ

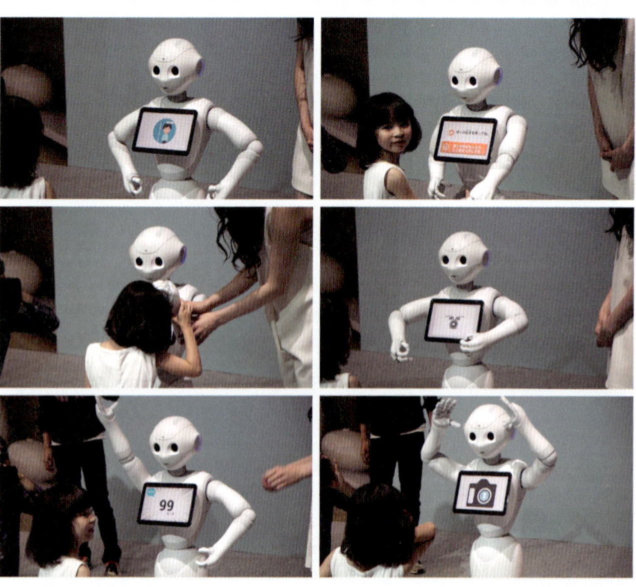

谷口氏が開発した身長を測るPepperのアプリケーション。子供の身長は子供の頭にPepperの手を置くことで、大人の身長はPepper搭載のセンサーで計測。身長を測った後は記念撮影する。「Pepperのキャラクターを感じてもらい、話したり触れ合ったりしてほしいと思ったので、このような動作をとるアプリケーションを考えました」

地図に高さ情報を持たせVR動画にした立体地図。YouTubeで「Tokyo mobile VR Map」(URL ● https://www.youtube.com/watch?v=GlruWsZepgA)として閲覧可能

RICOH THETAで撮影したパノラマ写真や動画は、リコーが公開する専用のパソコンソフトやスマートフォンアプリで閲覧できるが、HMDでも臨場感豊かなパノラマの世界を楽しめる

メラのコンセプトはすでにできていたんですが、セカイカメラにゲームや3Dのキャラクターなどのコンテンツをいろいろ仕込めたら面白そうだと思って…。当時、『電脳コイル』というSFアニメが話題になっていたり、情報科学芸術大学院大学(IAMAS)の赤松正行さんと社長(当時)の井口尊仁さんが、iPhone搭載のカメラをスルーしてそこに情報を載せるようなアプリのプロトタイプを作っていて、それをサービスにしようといろいろやっていました」

世界的に大流行のスマートフォンゲームPokémon GO(ポケモンGO)のルーツともいわれるセカイカメラ。今日のVR/ARブームを予見したかのような電脳コイル。その後、時を経て、独自のHMD開発を志すメンバーたち。当時は「多才な人が集まって1、2年開発に携わったら、またぱらぱらと散っていった感じ」だったと振り返る谷口氏自身も1年半ほどで辞め、再びフリーランスとして別の仕事を始めたが、これからのエンターテインメントの主戦場の一つはスマートフォンだとの確信を強めたもとになった。

以来、谷口氏が手掛けた多数のユニークなプロジェクトのいくつかを、別に写真とともに紹介しているが、共通するのは、異なる種類の人材やコンテンツを融合させつつ、新しいフィールドで活動しているということだ。映像作家と、フラワーデザイナーと、写真家と、音楽家と、芸術家と、医師らとコラボレーションし、映像と音楽を、ロボットとCGを、VRと芸術を、そしてVRと医療をコネクトする。

「何でも自分でできるわけじゃない。異分野のプロフェッショナルと一緒に『こうやったら面白いかも』と考えて仕事をするのが好きだ」と語る、幅広いジャンルにわたる数々の多彩なプロジェクトを見てほしい。

リコーの全天球カメラRICOH THETAの「発売前にRICOH THETAの特徴を生かしたデモ用コンテンツを作りたいという依頼をいただいて。そこでカメラマンと一緒に『何を撮ったら面白くなるだろうか』と考えて、風船にカメラをくくり付けて上空から撮影したり、ベビーカーにカメラを載せてお母さんと赤ちゃんを一緒に撮ったり、自転車のフレームビルダーを訪ねて工具やフレームがぎっしり並ぶ工房を撮影したり、ボルダリングしている人だったり…」

患者専用の人体VR提供サービスを準備中

谷口氏は杉本と、医療を対象にした新しいサービスを準備中だ。現在のところ、杉本の研究用として、内視鏡手術のたびに患者専用のVRアプリを作っているが、これはいわばオーダーメイドのVR Body Guideをその都度開発しているようなもの。このようなVRコンテンツを誰でも簡単かつすぐに作成できるサービスを提供し、医療機関で医療利用してもらうつもりだ。

「まずは病院やクリニック向けに、OsiriXで患者の3D画像を出力さえできれば、VRで見られて、しかももとのCTやMRIの画像を重ねて表示するなどして比較できるビューワを提供します。さらにそうした3Dデータを蓄積していき、人体モデルのデータベースを構築します。それを患者説明や教材、経験の浅い医師のトレーニング向けに提供するサービスの二段構えで考えています」

異業種からの医療業界への参入では、薬機法（医薬品、医療機器等の品質、有効性及び安全性の確保等に関する法律）が障壁になることもある。医療機器や医療ソフトウェアのユーザー数は限られているため、研究開発費を回収するにはおのずと価格も高くなる。

VRコンテンツでサイケデリックな世界を疑似体験できないか発想して制作したエレクトロニックアート＆ミュージック。背景のスクリーンに投影されている画像がヘッドセットを装着している鑑賞者に見えているもの。ヘッドセットを上下左右に動かすと連動して音楽のリズムやピッチも変わり、トリップ気分を味わえる

2016年9月28日に行われたTokyo VR Startups第2期インキュベーションプログラム開始式の模様

VRを利用したプロダクト・サービスを開発するためのインキュベーションプログラムを実施するTokyo VR Startups株式会社の支援を受けて設立されたHoloEyes株式会社（代表取締役/CEO：谷口直嗣、取締役/CTO：杉本真樹）（URL●http://holoeyes.jp/）

パノラマ写真家と音楽家とのコラボレーションで開発中のVRアプリ。パノラマ写真の各所に配置したいろいろな音源に視線が向くと、ミックスやフレーズが変化する趣向。写真上は、表参道の夜景を眺めながら、ヘッドセットの向きを変えると、ジャズ曲のピアノが前に出たり、シンセサイザーの音が前になったり。写真下は、野原のパノラマをバックに流れるピアノ曲のフレーズを、視点を移すことで変えられる。上空に視線をやると鳥のさえずり、下方に目を向けると川のせせらぎが聞こえるという遊び心も

「現代の音楽制作では完成した音源をステレオのチャンネルにミックスダウンするわけですが、それをあえて別々のチャンネルにミックスダウンしておいて、ユーザーに好きにミックスしてもらう。新しい音楽のリリースの仕方というか、それをVRを使ってみたらどうなるかの実験ですね。商用化までは今のところ考えていなくて、こういうのを提示したらどうなるかな、と」

プロ向けで販売数が少ない製品の価格が高くなるのはどの分野でも当たり前のこと。ならば便利で安価で汎用的なテクノロジーを医療分野にもどんどんぶち込んでいけばいいじゃないか――。

「以前、クリニック用の受付システムのインターフェイスを見せてもらったら、これがものすごくダサいんですよ。インターフェイスやデザインだけでなく、3D画像の処理技術も然り。ほかの分野のノウハウを投入してもっとよくできる余地が多分にあると感じています」。特にゲームのテクノロジーやプログラマーのスキルは高く、汎用性もあると思う。それらを医療分野に持ち込めば、いろいろ面白いことができるのではないか。

異業種の参入に対する専門家の『こんなちゃちなシステムなんか使えない』という反応は織り込み済みだが、VRの流行は一過性ではないと思っている。VR画像やHMDに抵抗がある医療従事者でも、家庭では子供がPlayStation VRに熱中しているかもしれない。子供にせがまれて渋々プレイしたVRにひらめく可能性もあるだろう。技術はエンターテインメントで認知され、実用で普及していく。新しい技術やコンテンツに出会い、正面から、時に斜め方向からユニークなプロダクトを生み出してきた谷口氏の直感と経験だ。

サービスは、2016年10月に設立されたHoloEyes株式会社が開発し、半年後の公開を予定している。同社が提供する「VRやARを活用した新しい医療ヘルスケアサービス」に大いに注目したい。

ベテラン外科医が評価した腹腔鏡下手術で明らかになった医療へのVR応用のインパクトとポテンシャル

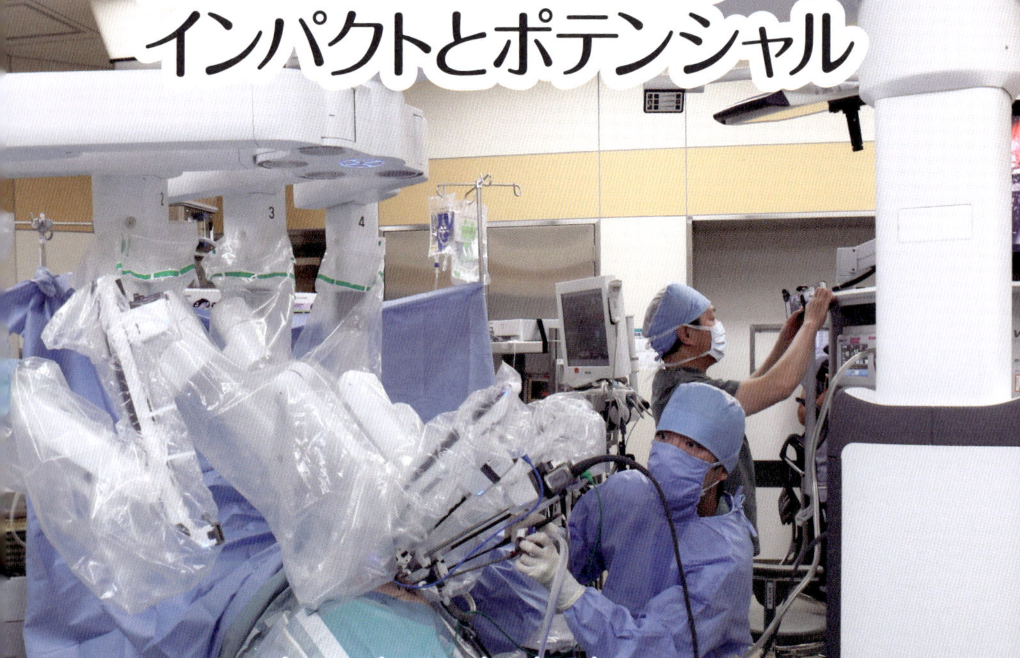

NTT 東日本関東病院

URL ● http://www.ntt-east.co.jp/kmc/　所在地 ● 東京都品川区東五反田5丁目9番22号　開設 ● 1951年　沿革 ● 日本電信電話公社の職域病院として1951(昭和26)年開設、1952(昭和27)年1月より診療開始。1999(平成11)年、NTT再編成の実施に伴い、関東逓信病院から現在の病院名に改称。許可病床数627床。地域がん診療連携拠点病院、東京都災害拠点病院にも指定されている

臨床現場でVRはすでに利用され始めている

NTT東日本関東病院の泌尿器科では、手術する患者の解剖の確認と、手術ナビゲーション目的でヘッドマウントディスプレイ(HMD)などのVR機器を活用し、効果をあげている。

手術での利用は、泌尿器科部長の志賀淑之氏が執刀、同院の

取材は2016年11月、東京都品川区のNTT東日本関東病院で行った

非常勤医師でもある杉本真樹がVR画像や3D画像などでサポートするスタイルで行う。術者の視野が限定される腹腔鏡下手術だけでなく開腹手術でも使われており、回数を重ねるごとにスタイルを洗練、勘所を磨いている。

本稿では、2016年11月に同病院で実施された腹腔鏡下腎悪性腫瘍手術でのVR活用を取材。VRは手術中のどんなシーンで活躍し、術者の手技や心理にどのような影響を与えるのか——。手術の様子をレポートするほか、手術直後の志賀氏にVRの効果と期待を語ってもらった。

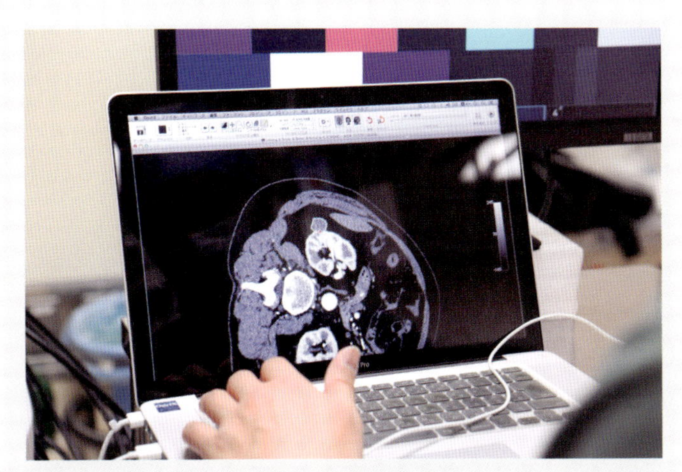

CT画像から杉本真樹が3D画像とVR画像を作っていく。写真はCTの水平断画像。腎臓から突出している部分が腫瘍だ。この腫瘍を医用画像解析アプリOsiriX（オザイリクス）のROIツールでセグメンテーションしていく

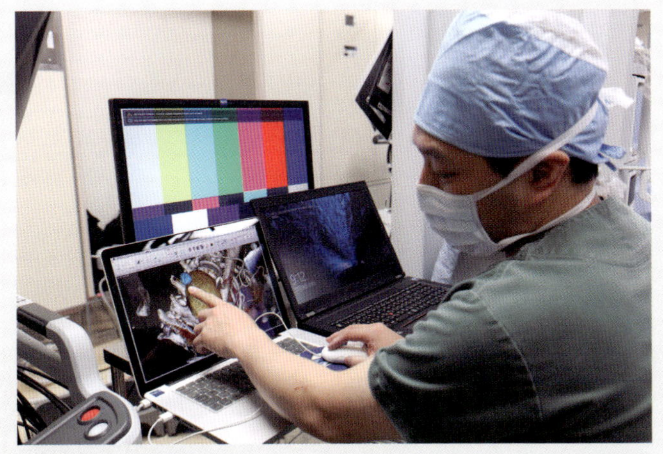

水平断のスライス位置を変更しながら腫瘍を覆うようにセグメンテーションし終えたら、3Dボリュームレンダリングを実行する。指で示した青い塊が腎臓に発生した腫瘍だ

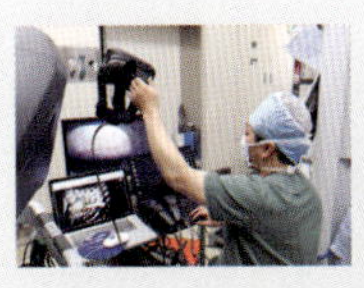

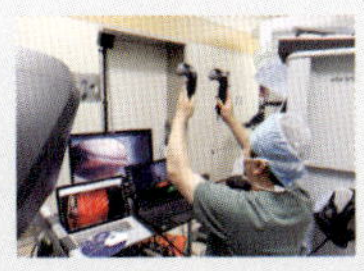

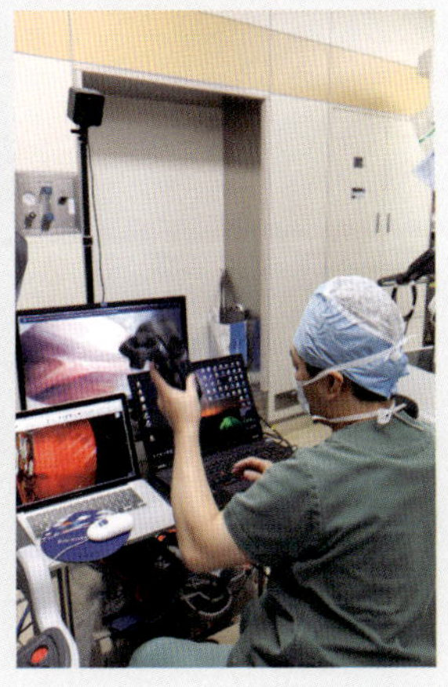

加えて、OsiriXで腎臓と腫瘍、その周辺の部位を抽出した状態で3Dサーフェスレンダリングを実行し、OBJ形式のポリゴンデータを出力。杉本真樹らが開発したVRビューワで読み込んでVR画像を作成する。必要部分だけを抽出したVR画像は見やすいが、「立体を軽快に見せるためにポリゴンでは画像情報をかなり削っています。そこに万一、見落としがないともかぎりません。そこで必ず3D画像とVR画像の両方を見て、比較しながら使うようにしています」（杉本）

VRナビによるロボット支援腹腔鏡下手術が始まった

患者は右側の腎臓に腫瘍が認められる高齢男性。このような症例では開腹で腎臓を全部摘出（全摘）する方法が主流だったが、最近では低侵襲性などを考慮し、腹腔鏡による手術が主流で、しかも機能温存を目的に腫瘍だけをくり抜く部分切除に移行しつつある。治療成績も全摘と比べ、ほぼ変わらないという。

外科手術は多かれ少なかれ患者の身体に傷をつける（侵襲する）行為だが、低侵襲とは、傷をつける範囲や程度をなるべく抑えるということ。開腹手術と比べて、内視鏡カメラや鉗子などの手術器具を入れる穴を数か所開けるだけですむので、整容性（美容性）に優れるのはもちろん、癒着などの合併症リスクが低い、患者の回復が早いなどのメリットがある。半面、腹腔鏡下手術は術野とモニ

タが離れていることから熟練を要するほか、奥行き感がつかめない、急な出血に対応できないなどの難点もある。内視鏡手術といわれることも多いが、腹部に穴（創）を開けて内視鏡カメラで観察しながら行う手術は特に腹腔鏡下手術という。

同院では2015年12月に、手術支援ロボットda Vinciを導入。前立腺癌の切除手術での使用を積極的に進め、2016年4月に保険適用となった腎部分切除でも全面的に使用し始めている。da Vinciは複数のロボットアームと患者体内に挿入したカメラ映像をもとに、サージョンコンソールという操作盤に着座した術者がアームの先に取り付けた鉗子を遠隔操作する仕組みで、da Vinciを用いたロボット支援手術は腹腔鏡下手術の一種である。サージョンコンソールのステレオビューワで術者がのぞく映像は、カメラ内蔵の2つのカメラレンズによる3D画像なので遠近感があり、繊細な手技を行えるのが特徴だ。

手術は午前9時に開始され、全身麻酔を施された患者は左側臥位で手術台にすでに横たわっている。執刀する志賀氏と助手によって、カメラや鉗子を入れる穴を4か所、メスで開ける。穴に筒状の器具（ポート）が挿入されたら、da Vinci本体の出番だ。

手術室の片隅に控えていたペイシェントカートが、臨床工学技士に押されて手術台脇にやってきた。da Vinciが発する音声ガイドに従い、慣れた手つきでアームにカメラや鉗子を装着していく。

志賀氏はサージョンコンソールに移動し、患者体内に挿入するカ

サージョンコンソールで手術を行う志賀氏。親指と人差し指でマスターコントローラをつかんで操作する。足元にも足で操作するフットスイッチがある

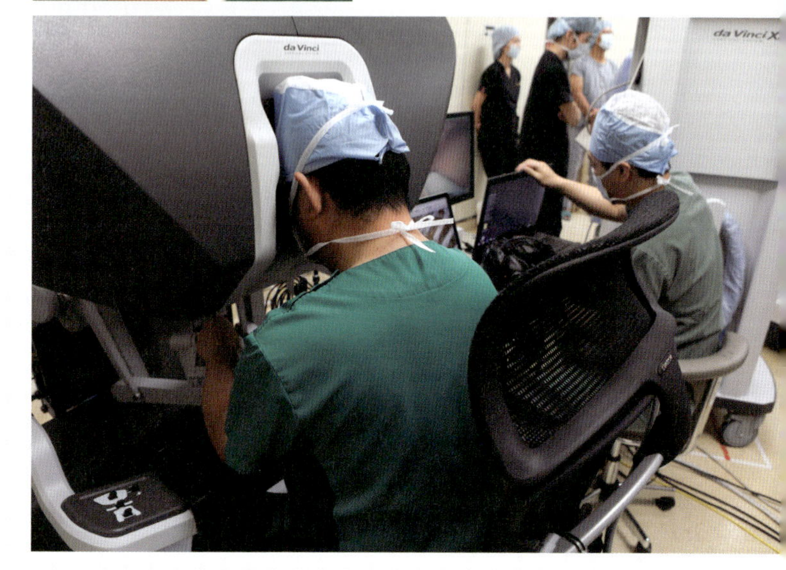

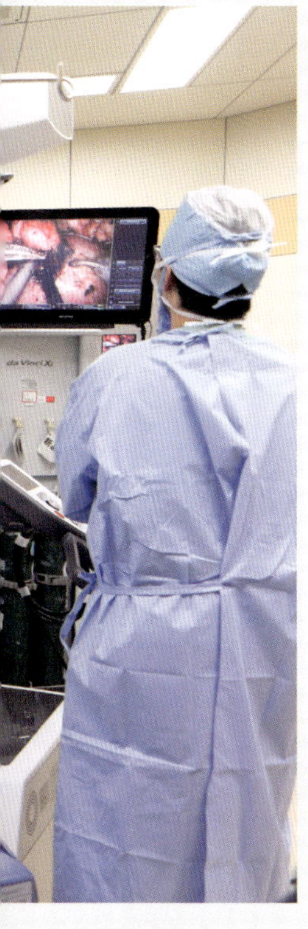

手術室全景。da Vinciは米Intuitive Surgical社製で、NTT東日本関東病院に導入されたのは最新機種の「da Vinci Xi Surgical System」（ダヴィンチXi）だ。写真中央にある滅菌ドレープに覆われた4本のアームを備えるのがda Vinciのペイシェントカート。アームには内視鏡カメラ、インストゥルメントと呼ばれる鉗子やメスなどが装着されている。写真右側の立ち姿のスタッフが見ている液晶モニタは、映像情報を処理するビジョンカートに搭載されている。執刀医の志賀淑之氏はビジョンカートのちょうど裏側にいる

助手（右）と器械出しの看護師。ロボット支援手術はロボットと術者だけでなく、助手と看護師らスタッフの介助が必要だ。術者の指示でインストゥルメントを取り換えたり、曇った内視鏡カメラを取り出して拭いたり。吸引や洗浄なども助手が手動で行う

メラの位置や角度を確認。時折、手術室内の照明を落としては体内で灯るカメラライトの光も手掛かりに、慎重に位置決めしていく。1本のアームにはカメラが、残りの3本には鉗子などが取り付けられ、ポートを通じて体内へ。いよいよ手術開始だ。

脂肪に埋もれた腫瘍がVR画像で鮮明に見えた

患者の背側には器械出しの看護師、腹側には手動式の鉗子で執刀医の手技をサポートする助手がスタンバイする。患者から数メートル離れたサージョンコンソールでモニタを見ながら手術する志賀氏。ほかに、頭側で麻酔状態を監視する麻酔科医、外回りの看護師や臨床工学技士もいるが、手術はこの3人を中心にして行われる。

カメラがとらえた患者体内の様子は、カート状の装置に据えられた液晶モニタのほか、手術室内に据えられた複数のモニタで観察できる。助手と器械出しの看護師はそれらのモニタで、術者はda Vinciのステレオビューワで見ながら手術を進めていく。当の執刀医が患者に背を向けた格好で進められる手術風景は見慣れないが、術者と助手、看護師らは頻繁に声でやり取りし、コミュニケーションは良好だ。

鉗子で組織を把持して展開し、電気メスで剥離、さらに奥の組織をつかんでは展開して剥離…。この繰り返しで手術は進んでいく。

術者がいるサージョンコンソール横のデスクには杉本が構え、患者のCT画像から3D画像とVR

画像を手際よく作っていく。3D画像はデスク上のMacBookで直接閲覧、VR画像はHTC ViveというHMDのヘッドセットで確認できる。

約30分経過、腎臓周辺に到着し、いよいよ腫瘍へのアプローチだ。しかし、腫瘍は黄色みを帯びた脂肪に埋もれ、目視で確認できない。志賀氏はサージョンコンソールから上体を起こし、MacBookの3D画像を確認。杉本とアプローチする方向や血管の走行をディスカッションし、さらにヘッドセットを装着して、腎臓の腫瘍付近の解剖をVR画像で確認する。志賀氏と杉本氏はここで、腎臓の裏側から延びる血管を発見する。CTでは見えなかった血管だ。

志賀氏が確認した3D画像とVR画像は写真のとおりだ。3D画像では、志賀氏と杉本氏が注目した血管も見える。一方、VR画像では、目視では脂肪にさえぎられて見えない腫瘍が鮮明にわかる。腎臓からタコの頭様の物体が突出している。これが腫瘍の本体だ。ヘッドセットを着けた志賀氏は、頭を上下に動かし、左右に回転させながら、記憶に焼き付けるかのように、さまざまな角度から腫瘍の形状や位置を確認している。

3D画像とVR画像で脂肪に包まれた腫瘍の位置を総合的に把握した志賀氏は、再びda Vinciのサージョンコンソールに戻る。鉗子とメスで脂肪の層を確実に剥がし、迷うことなく目標の腫瘍に到達、露出できた。出血に細心の注意を払いながら、慎重に腫瘍を切離する。助手が止血と洗浄を行ってほどなく、切離した腫

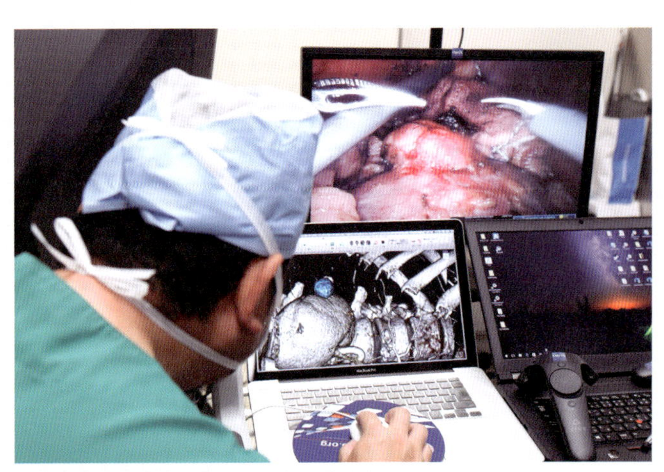

3D画像で腎臓周辺を回転させて観察していたところ、腎臓の裏から延びる細い血管を発見した。内視鏡カメラでは当然、目視で確認できない位置にある。事前の発見で大量出血を未然に防げた事例だ

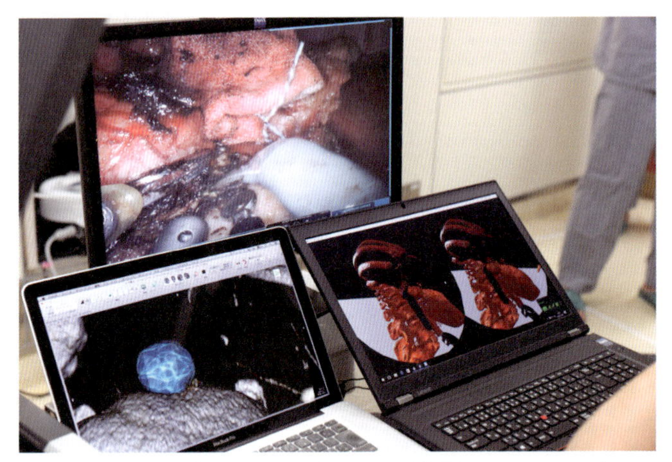

写真中央上のモニタにda Vinciの内視鏡カメラ映像、左にOsiriXで3Dボリュームレンダリングした MacBookの3D画像、右にHTC Vive用に杉本が作成し、Lenovo製ノートパソコンに表示させたVR画像。VR画像はノートパソコンに接続したHTC Viveのヘッドセットで見ることで360°全方位から観察できる

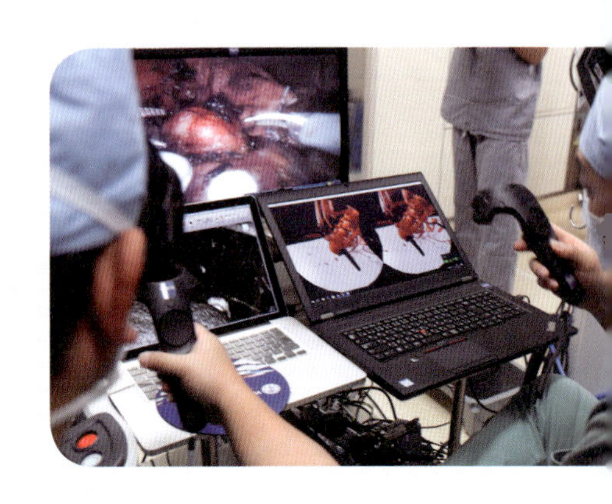

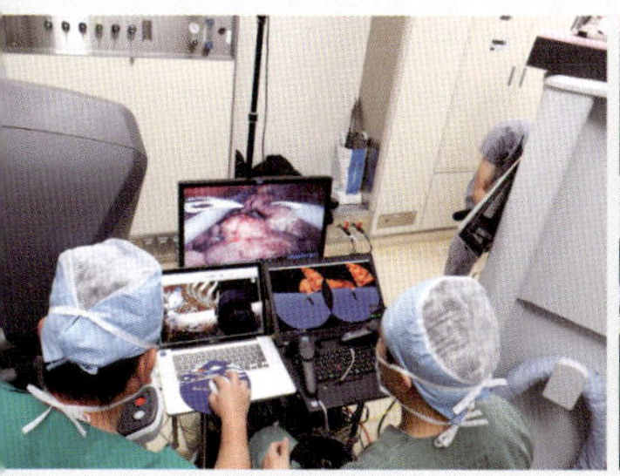

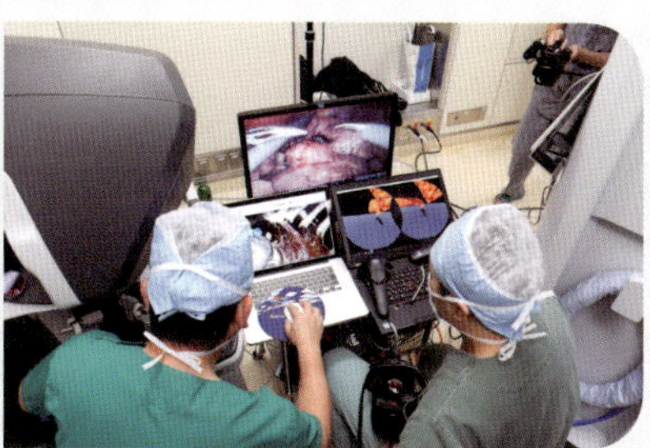

瘍がポートから取り出された。

剥がした脂肪の層を元に戻し、体内に挿入したカメラや鉗子を抜いて、腹部に開けた穴を縫合。予定の2時間30分よりも1時間近く短く、ごく少量の出血量で、手術は無事に終了した。

VRナビゲーションとシミュレーションに期待する

手術終了後、執刀を担当した志賀氏に、手術の内容や留意したポイント、VRの臨床応用の可能性を聞いた。

──今回行った腎部分切除術の難しい点は。

「腎臓は血液が非常に豊富な臓器の一つで、不用意に切り込むと出血します。尿を作る臓器なので、切り込みすぎると尿漏といって、尿が腹腔内に漏れます。出血はできるだけ少なく、かつ、尿が漏れないギリギリのところまで切り込んで、癌が疑われる部分を正常組織からきれいにくり抜くことが難しいですね」

──今日の手術ではどんな点に留意しましたか。

「腎臓の周りでクッションの役目をしている脂肪は、女性より男性のほうが厚いのが一般的です。やせている女性なら皮一枚ほどしかなく、透き通っているほどなんですが、今日の患者さんは普通の人の3倍ほども厚みがあったため、カメラを入れただけでは腫瘍がどこにあるかわかりませんでした。そうした場合、通常ならいろいろなところに切り込んでいって、脂肪をかき分けて手術を進めていく必要があります。例えば私たちがジャングルに入り込んだ状況を想

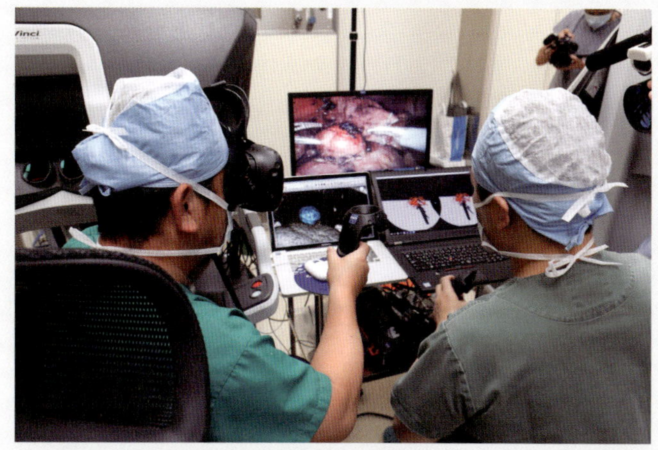

ヘッドセットを装着してVR画像を確認する志賀氏（左）。手術室内には、HTC Viveの特徴の一つでもあるルームスケールVRを実現するベースステーションも設置されており、専用のコントローラを使って、VR画像を引き寄せたり、回転させたりといったより主体的な操作も行えるようになっている

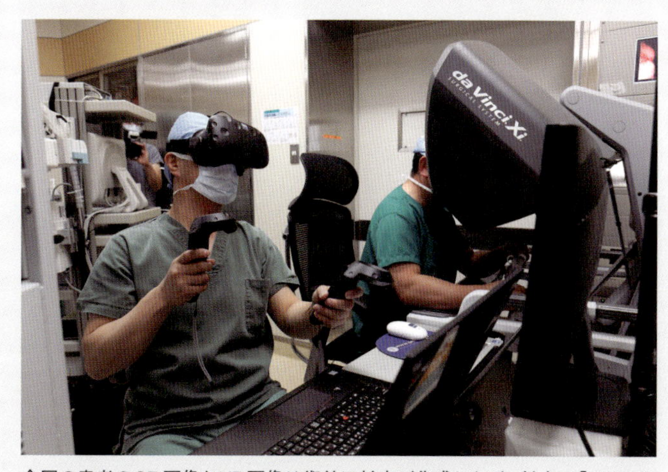

今回の患者の3D画像とVR画像は術前に杉本が作成したが、杉本は「ベストなのは術者自身が作ることでしょうが、忙しかったり時間の制約があったり、急に手術が決まったときなどは難しいでしょうね。いずれAIなどを活用してコンピュータがVRを作成してくれる時代がくるかもしれませんが…。そこでわれわれは患者さんのデータをドラッグ&ドロップするだけで簡単にVR画像を作れるアプリを開発、近く公開の予定」だと語る

像してください。上空から俯瞰した航空写真や鳥瞰図などがあれば目標地に向かって進めますが、そうでなければ迷いながら闇雲に道を突き進むしかない。手術も同様で、時間は最短で、出血量は最低限に抑えたいわけですから、いろいろな道を探って進むのは無駄なのです」

――その点で、3D画像やVR画像が手術のナビゲータ役を果たしたわけですね。

「特に内臓脂肪が多くて、腫瘍が埋もれているような患者さんでは、腫瘍の位置を目標に据えて手術を行えることのメリットは大きい。腎臓を栄養する血管の走行、周りの臓器との位置関係、尿がたまる腎杯との境界…、これらを立体的に把握できることで、出血量を減らし、尿の漏れを防ぐことが可能になりました。それに、2DのCT画像では私自身の頭の中でしか立体構造を把握できません。しかしVRによって手術にかかわるスタッフ全員が情報やイメージを共有できるため、よりクオリティが高い手術が可能になります」

――手術中、「VRだとすごくわかりやすい」とおっしゃっていました。どういう局面での感想だったのでしょうか。

「腹腔鏡下手術では腹腔内のカメラがとらえている映像でしかわれわれは情報を得られないわけです。それがVR画像でカメラの裏側や腫瘍の裏側、しかも腫瘍は透過した状態で中に入り込んだり、腫瘍の球面をリアルに感じながら、栄養血管の位置関係とか、腎杯の位置関係を確認できた場面ですね。脂肪に包まれた臓器をとらえたカメラ映像だけでは、そ

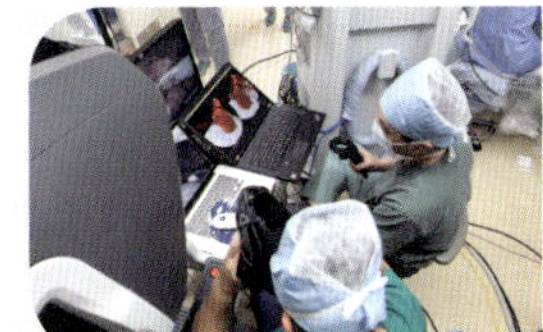

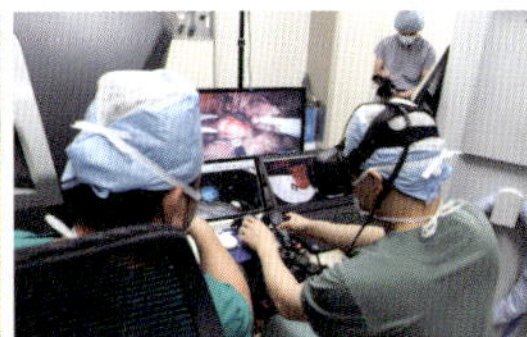

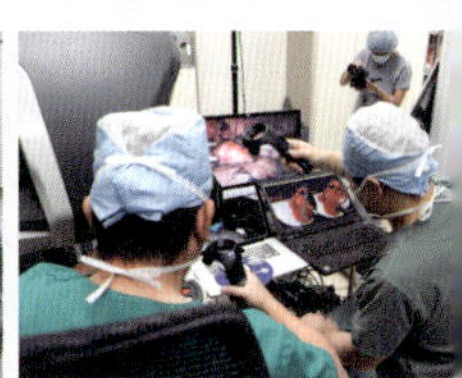

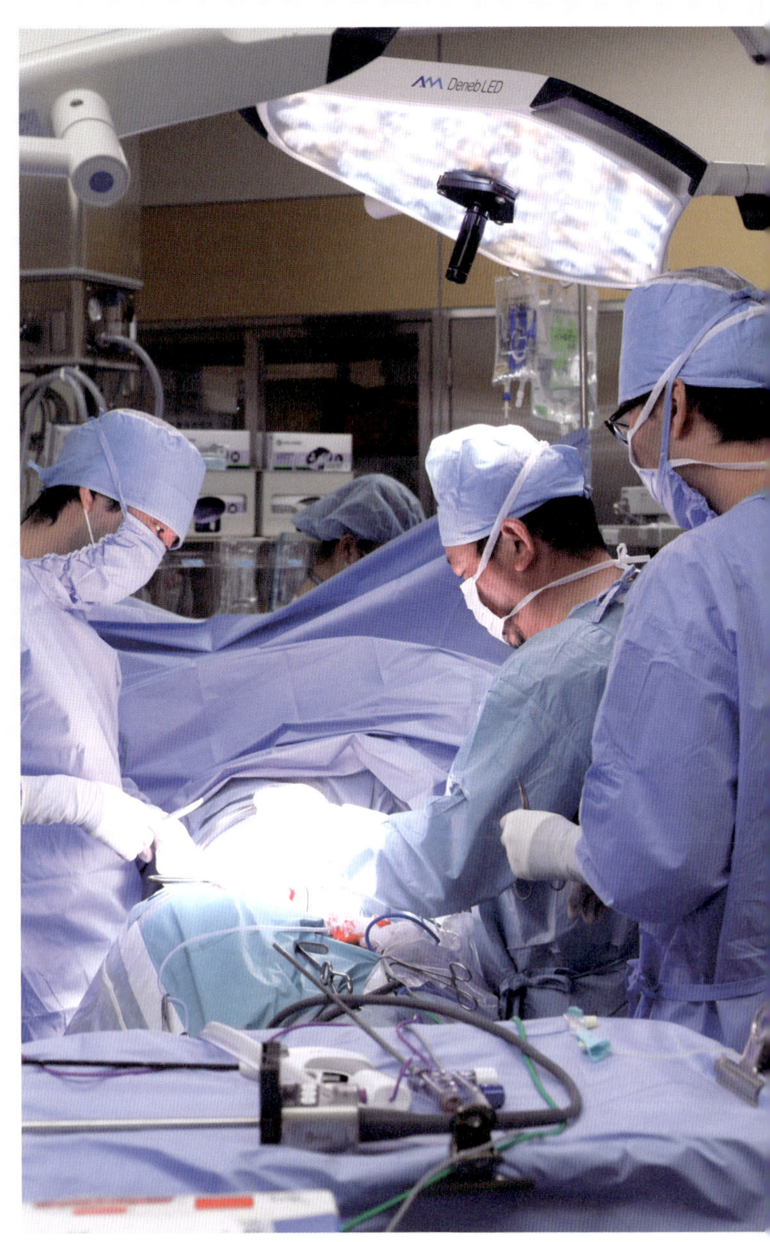

腫瘍を摘出した後、手洗いし、滅菌手袋をはめて術野に戻る志賀氏。ポート穴を縫合して手術は終了だ

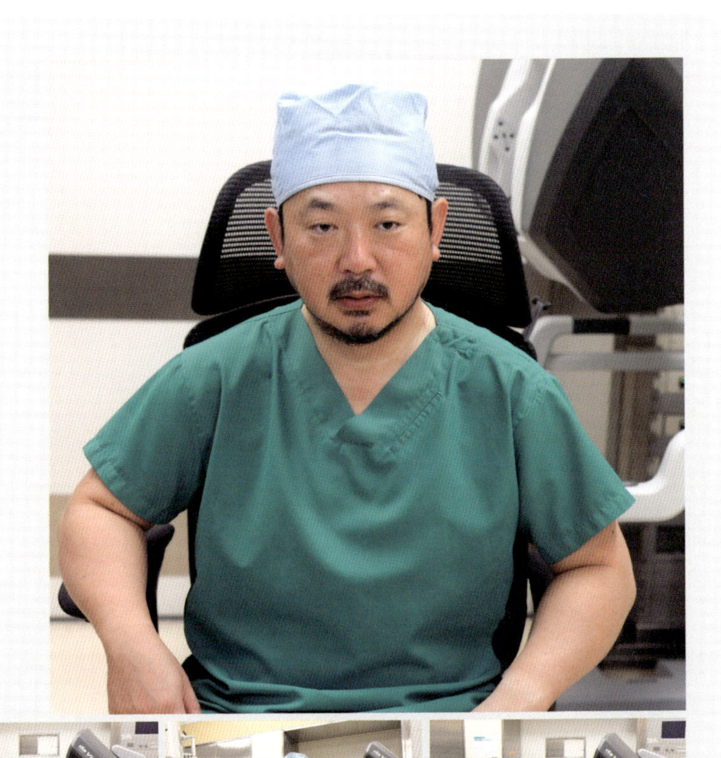

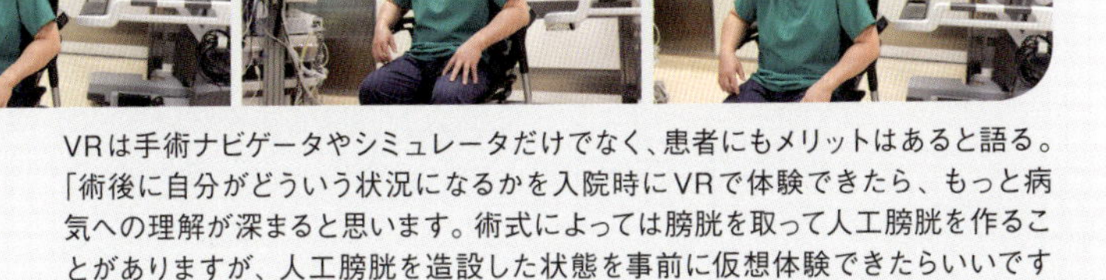

VRは手術ナビゲータやシミュレータだけでなく、患者にもメリットはあると語る。「術後に自分がどういう状況になるかを入院時にVRで体験できたら、もっと病気への理解が深まると思います。術式によっては膀胱を取って人工膀胱を作ることがありますが、人工膀胱を造設した状態を事前に仮想体験できたらいいですね。インフォームドコンセントだけでなく、術後ケアにもVRは活用できそうです」

術前に内視鏡カメラの位置や角度を、志賀氏が入念に調整していたことについて杉本は、「腹側からの腎臓へのアプローチでは角度もついているし、スペースも狭い。側臥位では重力で臓器が傾くなどしてCT画像とは見え方が違うこともあります。その点、VRは体位が変わったときなど、普段と違う見方をするとどうなるかをシミュレーションするのに非常に有用だと思います」

れらのイメージは決してつかめないものです。脂肪のさらに奥や腎臓の裏側、カメラの反対側まで見えるのはとても有用だと思います」

──VRによる手術ナビゲーションが普及するにはどのような課題がありますか。

「現在は画像処理を杉本先生にサポートしてもらって行っていますが、そういった作業は若手の医師やスタッフがいずれできるようにならないといけないと思います。HMDを購入したり設置するなど、機材の手配も課題でしょう」

──技術的な要望や、VRの医療応用などでアイデアがあれば教えてください。

「一つは画質と画像の処理能力。もう少し実映像に近いようなリアル感がほしい。画質が精細でかつ滑らかな映像ということになれば、演算速度の向上にも期待したいところです。

それから、シミュレータとしてのVR活用にも期待したい。手術は絶対に失敗できないわけですが、それには自分の経験や力量なら『ここまではできる』『これ以上はできない』を把握していることが大事です。誤って血管を傷つけ出血させてしまうようなミス体験をVRでシミュレーションできたらいい。ベテランの外科医は経験値を生かして、手術をより安全かつ確実に行うわけですが、若手や経験の浅い外科医はその経験値がないにもかかわらず、いや、ないゆえに（手術見学や映像で）見たとおりできると過信してしまうことがある。そこを教育的な意味で、VRによる手術シミュレータで現実に近い体験ができたらいいと思います」

術中CTの代わりにハンディー型3Dスキャナを活用
開腹所見の記録、3D画像との照合で正確な位置をトレースする

NTT東日本関東病院泌尿器科では、開腹手術でハンディー型の3Dスキャナを活用している。この3Dスキャナは赤外線を対象物に照射し、反射の度合いによって形状を検出するというものだ。非接触タイプのため清潔野でも使用でき、非侵襲な点も目的にかなう。これを術中CTの代わりや開腹所見の記録として使用している。杉本真樹らが使用しているSenseは数万円程度と同種の3Dスキャナの中でも安価なタイプ。しかし、レスポンスは悪くないうえ、USBでパソコンと接続するだけでよく、設定も簡単だ。

3Dスキャンの利点は、スキャン結果がリアルタイムでポリゴン化され、自由に回転させて閲覧できるので、横からの測定で腫瘍までの深さを測ったり、腫瘍の裏側から観察するといったことが容易に行える点だ。また、術中CTとは異なり、鉗子やメス、固定具などの手術器具、術者の手も一緒にスキャンできる。これらのスキャン結果は、術野位置をリアルタイムに把握する際の手がかりになる。3Dスキャンしたデータと、術前にCT画像から作成した3D画像を比較対照すれば、例えば術前に把握していた腫瘍の位置と開腹した現在の位置のずれを比較できる。腫瘍の正確な位置を追跡することも可能になる。臨床での3Dスキャナ用途は、アイデア次第でさらに広がりそうだ。

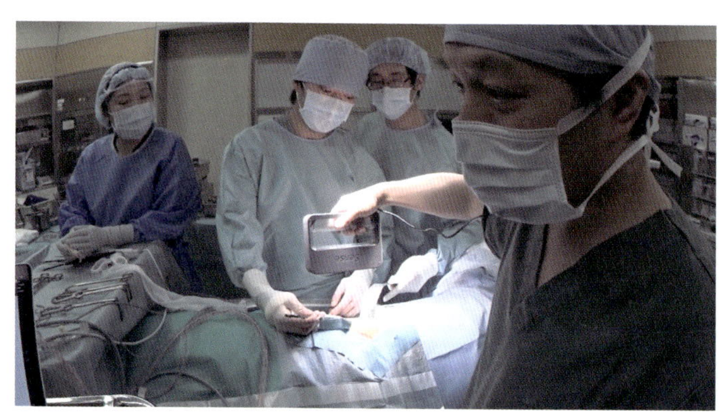

同院で使用する3Dスキャナは3D Systems社製のSense。写真のように片手で3Dスキャナをつかみ、術野上空をなぞればスキャン完了だ

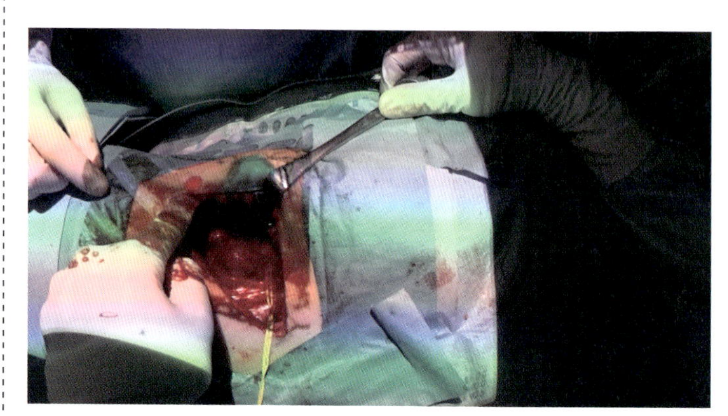

術野の様子（術前に作成した3D画像を投影している）

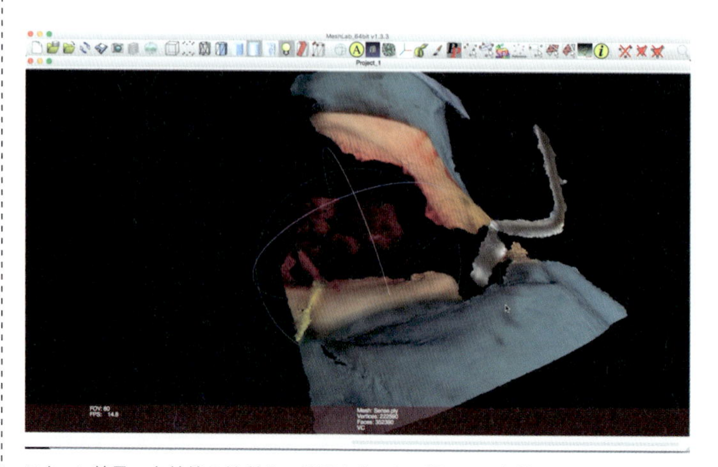

スキャン結果。赤外線の性質上、対面方向からに限られ、真横や真後ろをスキャンすることはできないが、簡便に行え、結果をすぐに確認できるのがよい

Part 3

人体VR画像が無料で作れる、気軽に試せる、実践VR医療

HMDのハイエンドモデルHTC Viveで人体VR体験してみよう！
CT画像を医用画像解析ソフトOsiriXでポリゴンデータに加工し、
本書オリジナルのビューワOBJ VR viewerで
VR画像を閲覧するまでのプロセスを解説。
VRは決して難しくない！

Chapter 01

VR人体モデル制作のプロセス

Part 3では、実際にCT撮像したDICOMデータから立体の人体モデルを作成、
これをHMDであるHTC ViveでVR体験するまでのプロセスを紹介する。
医療現場でのVRコンテンツ活用の第一歩はおそらく、このVR人体モデルによる患者解剖の検討だろう。
ここでは作業の難易度や目的に応じて設定した各コースの内容やフローを整理しておく。

プロセス	基本コース	応用コース
立体モデルを生成する	Chapter 02 DICOMデータの読み込みと立体モデルの生成	
人体モデルを加工する	↓	Chapter 04 Mayaで多彩なVRモデルに加工する
HTC Viveで閲覧する	Chapter 03 OBJファイルをOBJ VR Viewerに読み込む	
OBJ VR ViewerとHTC Viveの操作方法	Chapter 05 HTC ViveでVR人体モデルを操作する	
付録	Appendix 記事で使用したアプリケーション/ハードウェア	

Information 00 医療機関向けVRセット

当記事で紹介するHTC Vive、ThinkPad P70、Maya、Stingray、OBJ VR Viewerを組み合わせ、設置やセッティングなどの各種サポートをオプションにしたオールインワンの医療機関向けVRセットをボーンデジタルが販売する。歩き回ってVR空間を体験できるHTC Viveは自由度が高い半面、あらかじめ室内にベースステーションを設置して、ルームスケールVR環境を構築する必要があるなど、初期設定がやや複雑だ。

その点、このセットを利用すれば、難しい設営等は不要で、すぐにVRコンテンツを体験できる。
セット内容と価格は下表のとおり。導入に興味を持たれた方は問い合わせてみてはいかがだろうか。

セット名	セット内容	価格(税別)
医療VRスタンダードセット	HTC Vive、ThinkPad P70、Maya、Stingray、OBJ VR Viewer、設定マニュアル	1,200,000円〜

問合せ先●ボーンデジタル　ソフト事業部
電話●03-5215-8671
住所●〒102-0074 東京都千代田区九段南一丁目5番5号 Daiwa九段ビル
URL●http://www.borndigital.co.jp/

大手CAD/CGベンダー企業オートデスクのカンファレンスで見た3Dの産業利用の現在と、VR/AR技術のビジネス展開の可能性

製造/建設/メディア&エンターテイメント業界向けにソフトウェア関連技術を紹介し、多数のセッションでスキル向上を図る目的のカンファレンス「Autodesk University Japan 2016」が開催された。とかくゲームやアダルトといったアミューズメント分野が話題になりがちなVR/ARだが、ビジネス領域での活用状況はどうなのだろうか。

主催のオートデスクは、CAD/CG製品や技術を提供する世界的なソフトウェアベンダー企業だ。同社幹部による開会の辞や基調講演では、デザインや設計製造での3D CGによる効果や重要性のほか、VR/AR技術の導入でさらに得られるメリットを、多くの海外事例とともにアピール。構想段階からデジタルモックアップによってバーチャルに行えるデザイン検討、ヘッドマウントディスプレイによる没入感とスケール感十分の完成イメージシミュレーションなどを紹介した。

圧倒的な世界シェアを占めるAutoCADのほか、機械設計向けのInventorや建築設計のRevit、土木設計のCivil 3Dといったcadソフト、Mayaや3ds MaxといったハイエンドのCGソフトを併せ持つ同社。VR/AR技術は3Dによる可視化やシミュレーションをより身近かつ簡便にし、ビジネス利用をいっそう促すキラーツールとして注目していることは間違いないようだ。

特別講演では、杉本真樹が「人類の能力を拡張するリバースエンジニアリング」と題し、CTなどの医用画像から臓器を3D化するライフリバースエンジニアリング、VR/ARの医療活用例を語った

「Autodesk University Japan 2016」(AUJ)は「The Future of Making Things——創造の未来」をテーマに、2016年9月8日、ザ・プリンスパークタワー東京で開催された

ロボットからクラウド、VR/ARまで多彩な展示物が並ぶ。製造や建築、土木、CGなどの多分野にわたってデザイン/設計ソリューションを提供しているオートデスクならではの光景だ

展示スペースにはVR体験コーナーも設けられ、数時間待ちの盛況。写真は、計画中の橋梁モデルを実際の地形にはめ込み、橋梁からの景観をシミュレーションした土木設計での活用例

杉本が出品した臓器モデル。患者のCTデータから3D化し、3Dプリンタで出力したもの。多くの来場者が手に取って観察していた

DICOMデータの読み込みと立体モデルの生成

医用画像解析アプリケーションOsiriXを使い、CTで撮像したDICOMデータから立体モデルを構築し、VRコンテンツの素材となるOBJファイルを出力する。
OsiriXの入手方法などは、Part 4のOsiriX紹介記事を参照してほしい。

Step 01 OsiriXにDICOMデータを読み込む

01 OsiriXを起動し、[ファイル]メニューの[読み込み]－[ファイルの読み込み]を実行する。

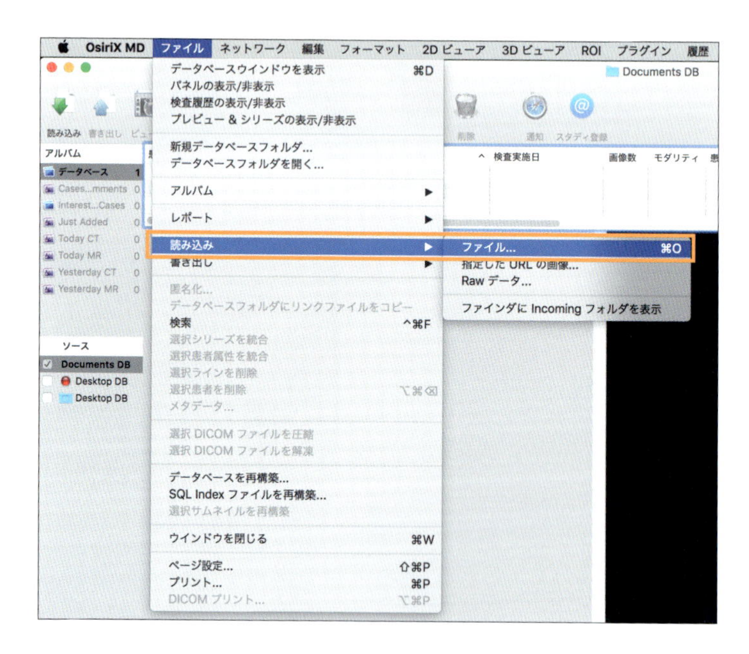

02 ダイアログボックスが表示される。読み込みたいDICOMデータが含まれるフォルダ（ここでは「3D_VR2_5561」）を選択し、［開く］ボタンをクリックする。

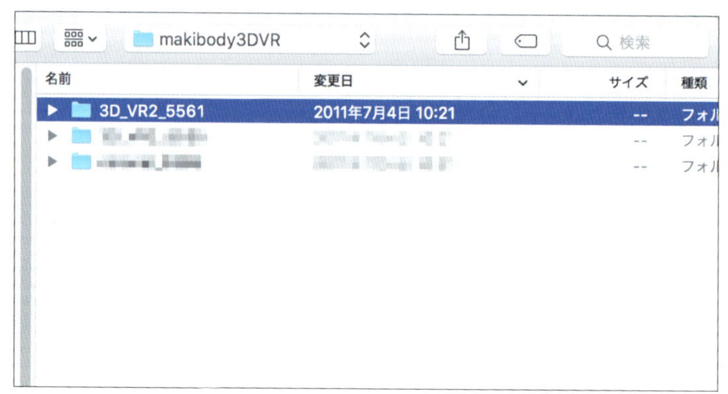

03 ローカルデータベースウインドウに「3D_VR2_5561」が読み込まれた。読み込んだDICOMデータはCTで撮像したCT画像である。

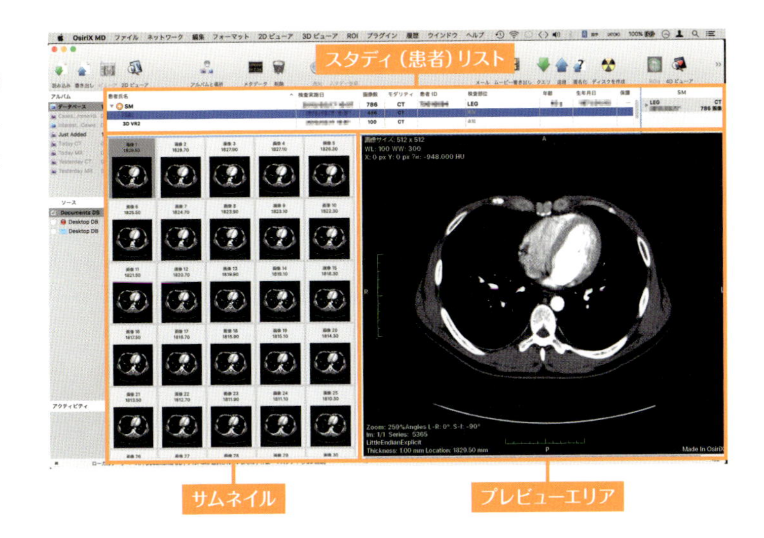

Step 02 3Dサーフェスレンダリングを実行する

04 スタディ（患者）リストで目的の画像シリーズを選択。サムネイルやプレビューエリアに表示された画像のプレビューをダブルクリックする。
2Dビューアが表示される。

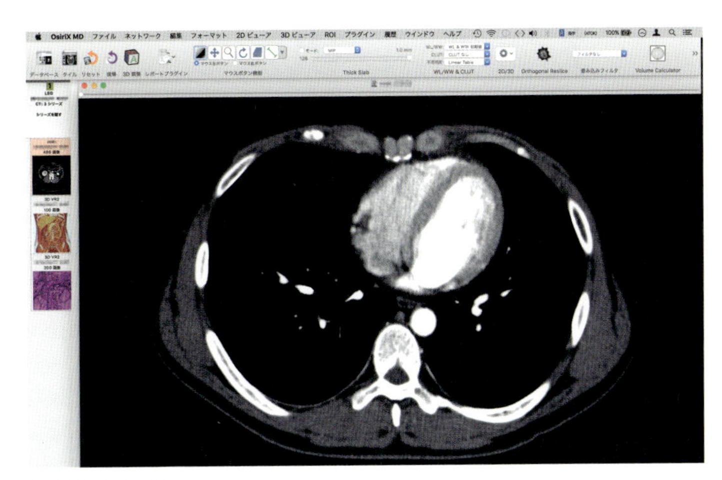

表示された2Dビューア

05 ［3Dビューア］メニューの［3Dサーフェスレンダリング］を実行する。

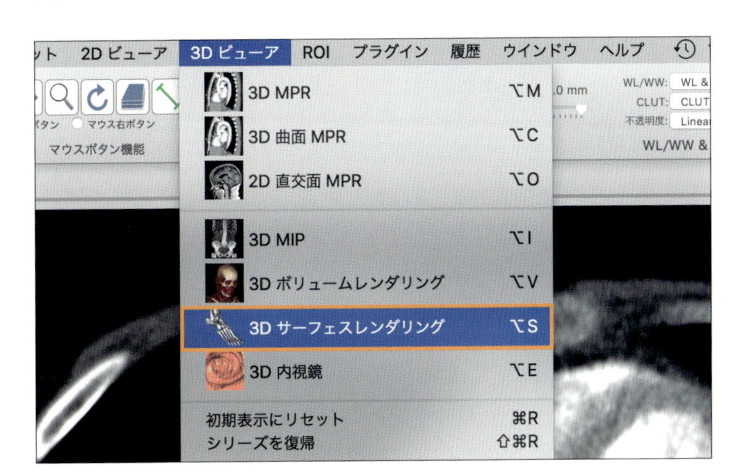

06 ダイアログボックスが表示される。

ダイアログボックスの内容は図のような初期状態で、[第1サーフェス] チェックボックスにチェックが付いていることを確認する。

[ピクセル値]の数値を「−1000」から「1000」の範囲を目安に変更することで、特定の臓器を抽出できる。ここでは[第1サーフェス]でピクセル値を「300」として骨を、[第2サーフェス]で「−500」として皮膚を描出することにして、[OK]ボタンをクリックする。

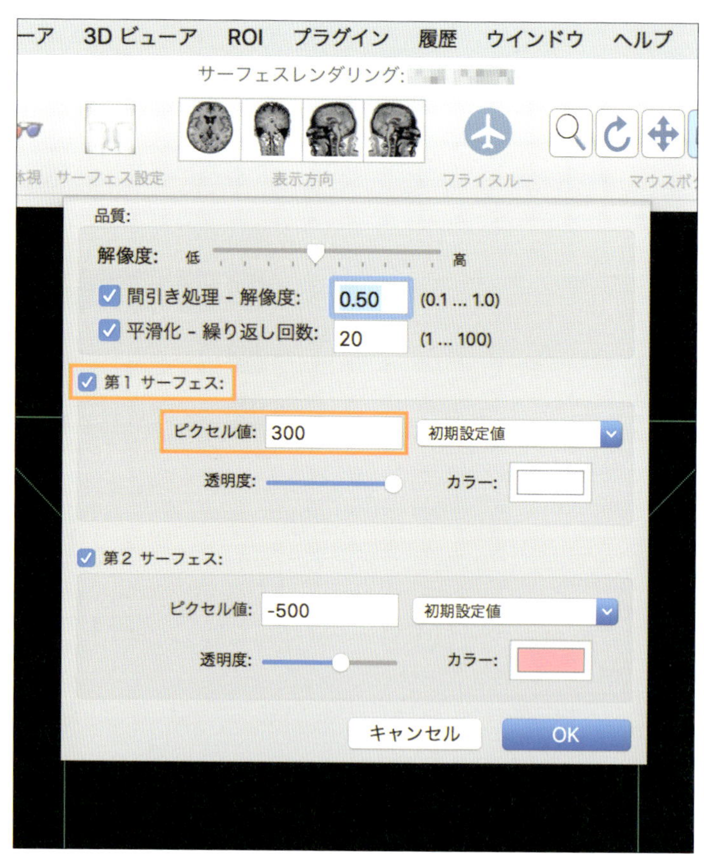

ダイアログボックスの初期設定値

07 骨と皮膚が描出された。

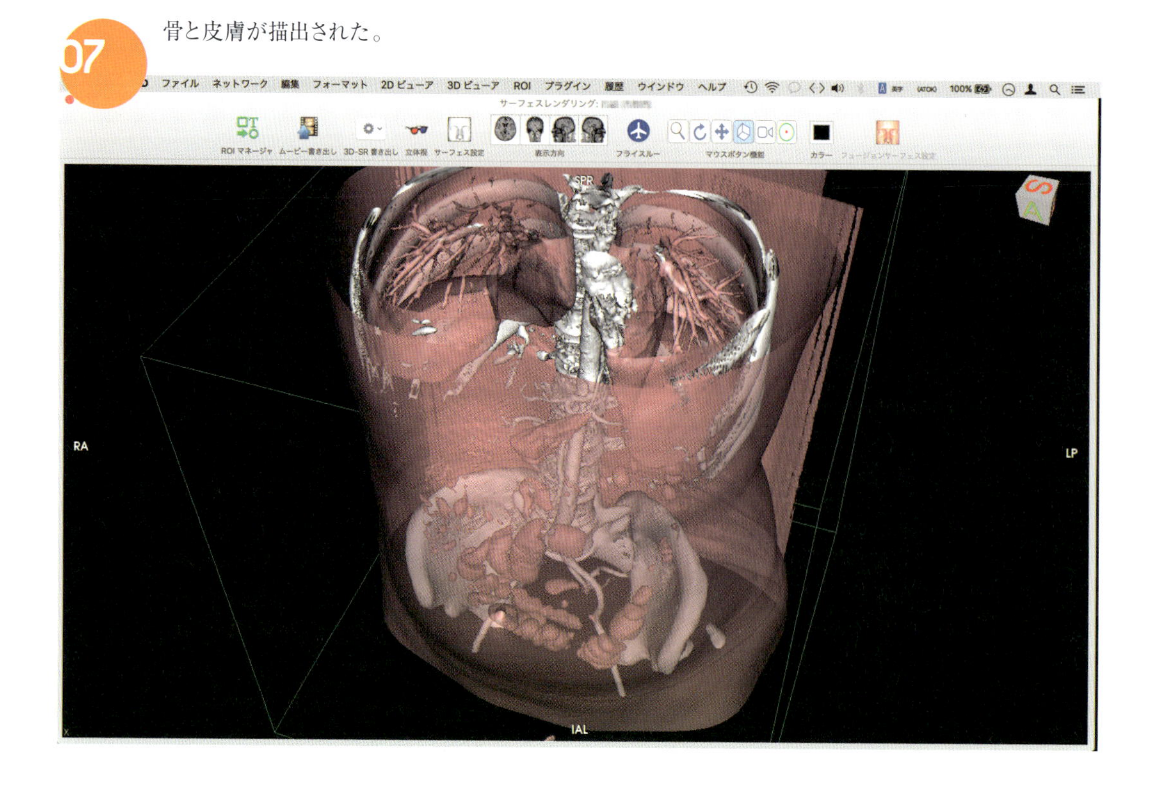

Step 03 OBJファイルを書き出す

08 ツールバーにある[3D-SR書き出し]アクションボタンをクリックして表示されるメニューで[Wavefrontで書き出し(.obj)]を実行する。

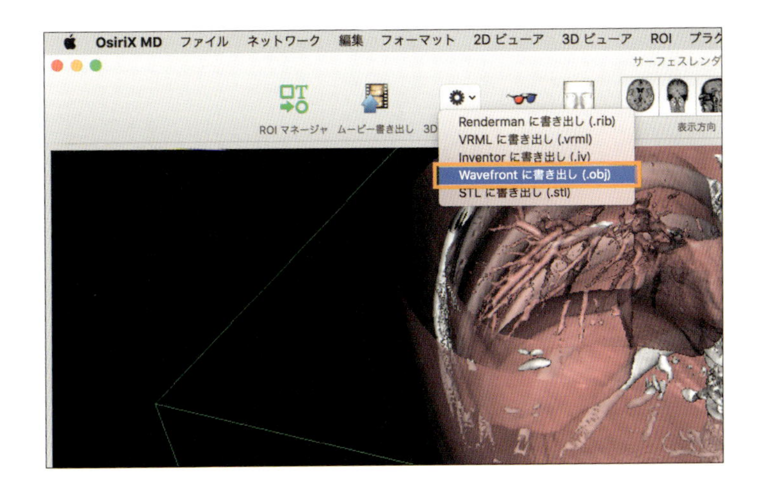

09 [保存]ダイアログボックスが表示されるので、適当な名前を付けて、[保存]ボタンをクリックする。「obj」と「mtl」が拡張子の2種類のファイルが保存される。

OBJファイルはオブジェクトのジオメトリ情報を定義するファイル、MTLファイルはオブジェクトのマテリアル情報を定義するファイルである。以降の説明ではこの2つのファイルを1セットとして取り扱うことにする。

保存
名前：3DFile.obj
タグ：

Step 04 応用的な3Dサーフェスレンダリング

10 手順06のダイアログボックスで設定する[ピクセル値]は、描出したい臓器に応じて数値を変えて入力する([初期設定値]ポップアップメニューには[CT-皮膚][CT-骨][CT-メタル]が用意されている)。ここでは、CT画像において部位別に描出する際の[ピクセル値]のおおよその目安を表にまとめておく。

肺だけ、腎臓だけというように、特定の臓器だけを抽出したい場合は、事前に3Dボリュームレンダリングを実行し、[鋏]ツールや[骨除去]ツールなどで不要な個所を切り取り、2Dビューアに戻った後、再度、3Dサーフェスレンダリングを実行する(3Dボリュームレンダリングの裁断機能は2Dデータには反映されず、3Dサーフェスレンダリングでも無効になるので留意する)。

臓器の色を変えてOBJファイルを書き出すには、手順06のダイアログボックスの[カラー]をクリックして表示される[カラーパネル]で希望の色を選択する。ちなみに、[透明度]の設定は3Dサーフェスモデルには反映されるが、書き出したOBJファイルには反映されないので注意が必要だ。

描出する臓器	ピクセル値
皮膚、気管、肺	−800〜−200
骨、臓器、血管	100〜300
骨	300〜500

OBJファイルを OBJ VR Viewerに読み込む

OsiriXで3Dサーフェスレンダリングを実行して書き出したOBJファイルを、
HTC Vive専用に開発されたOBJ VR Viewer（ダウンロード先はAppendix参照）に読み込む。
ここでは、OsiriXで「胸骨」「肺」を別々に3Dサーフェスレンダリングし、
別個に書き出したOBJファイルを利用している。

Step 01 OBJ VR Viewerを起動する

01 あらかじめHTC Viveが接続されているWindowsパソコンにダウンロードし、パソコンの適当な場所（ここではデスクトップ）に展開した「ObjVrViewer」フォルダの中にある「ObjVrViewer.exe」をダブルクリック。OBJ VR Viewerのビューワ画面が表示される。HTC Viveが接続されていないと、OBJ VR Viewerは起動しないので留意する。

OBJ VR Viewerを起動したところ

02 OBJ VR Viewer起動時に、dllファイルを要求するメッセージが表示される場合、右表のパッケージのインストールが必要なので、Microsoftのダウンロードセンター（https://www.microsoft.com/ja-jp/download）から入手、インストールする。

MSVCP110.dll	Visual Studio 2012更新プログラム4のVisual C++再頒布可能パッケージ
MSVCP100.dll	Microsoft Visual ++2010再頒布可能パッケージ（x64）

Step 02 OBJファイルをOBJ VR Viewerに読み込む

03 [File]メニューの[Open]を実行するか、キーボードの[O]キーを押すと、[Open]ダイアログボックスが開く。
OBJファイルを1つ選択し(ここでは「lung_green.obj」)、[開く]ボタンをクリックする。

Open

ローカル ディスク (C:) › tmp › ObjFolder

名前	更新日時	種類	サイズ
cancer_blue.obj	2016/08/17 18:10	OBJ ファイル	351 KB
chestbone.obj	2016/08/17 18:04	OBJ ファイル	35,092 KB
lung_green.obj	2016/08/17 18:08	OBJ ファイル	10,853 KB

04 ビューワ画面に肺が読み込まれた。
肺が緑色で着色されているのは、OsiriXで3Dサーフェスレンダリングを実行する際に、カラーを緑に設定していたためだ。

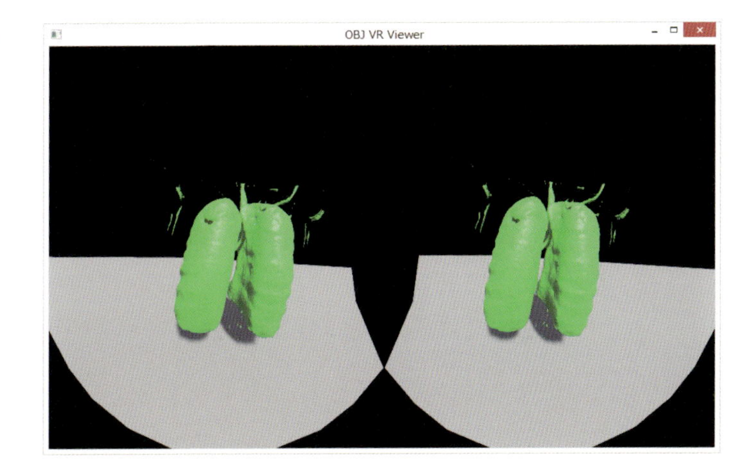

05 同様の手順で「chest bone.obj」も読み込む。
胸骨と肺が適切な位置でビューワ内に配置される。骨はサーフェスレンダリングの際、白色にしている。
この状態でHTC Viveでの立体視が可能だ。
OBJ VR Viewerを終了するには、キーボードの[Esc]キーを押す。
そのほかの操作方法はChapter 05「HTC ViveでVR人体モデルを操作する」にまとめてある。

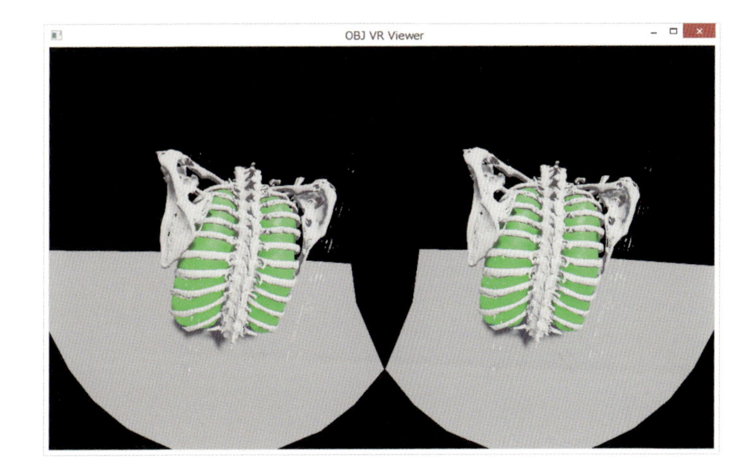

Mayaで多彩なVRモデルに加工する

OsiriXで書き出したOBJファイルは、極めて簡単な操作で閲覧できることがわかった。
ここでは応用例として、オートデスクが開発するCGアプリケーションMayaを使い、
着色や透明処理など、よりわかりやすい表現を施し、
しかも軽快にHTC ViveでVR体験できる人体モデルに加工してみる。

Step 01 MayaでOBJファイルを開く

01 Mayaを起動した状態で、OsiriXから出力したOBJファイルをMayaのビューパネルにドラッグ&ドロップする。
これで人体モデルのオブジェクトはMayaに読み込まれるが、ときにカメラの規定位置からはるかに離れた場所に読み込まれてしまうことがある。この状態では、後工程のカメラ操作やデータの読み込み時に必ず位置の問題が発生するため、軸はオブジェクトの中心に設定しておくのが望ましい。こうした状態が生じた場合の対処方法を手順02～11に説明しておく。

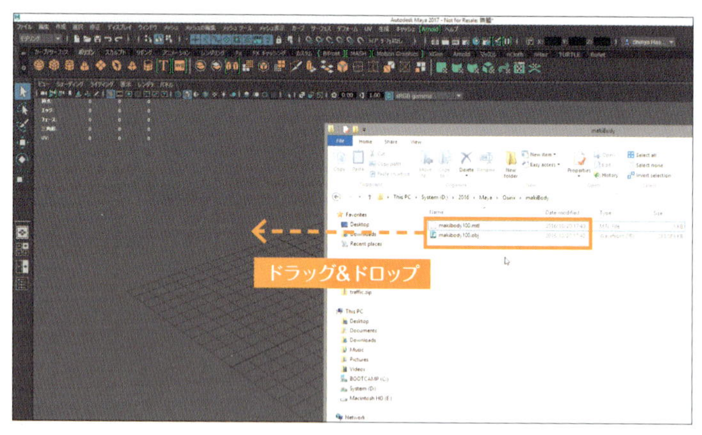

02 パネルメニューの[ビュー]メニューにある[選択項目をフレームに収める]を実行する。

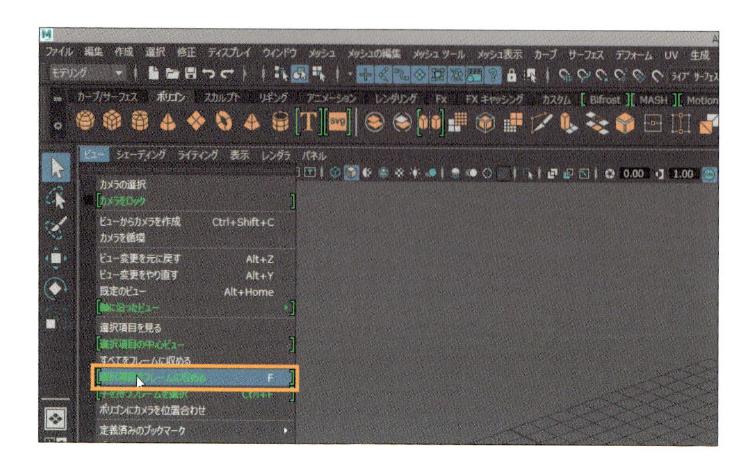

03

ビューパネルの中央にオブジェクトが表示される。

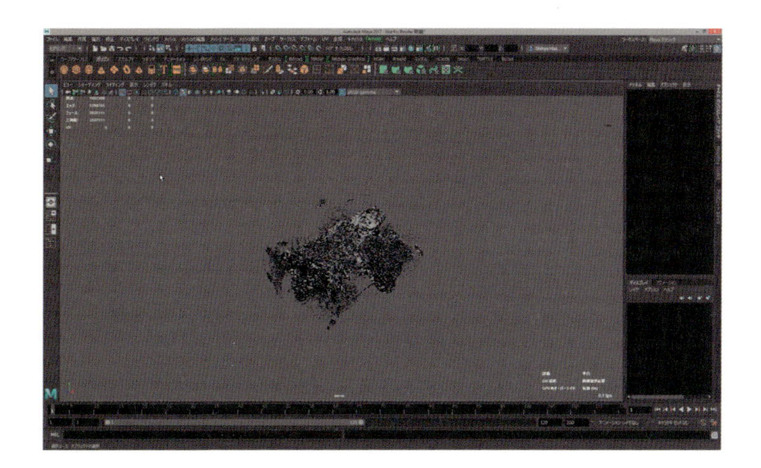

04

オブジェクトをクリックして選択。[修正]メニューの[中央にピボットポイントを移動]を実行する。

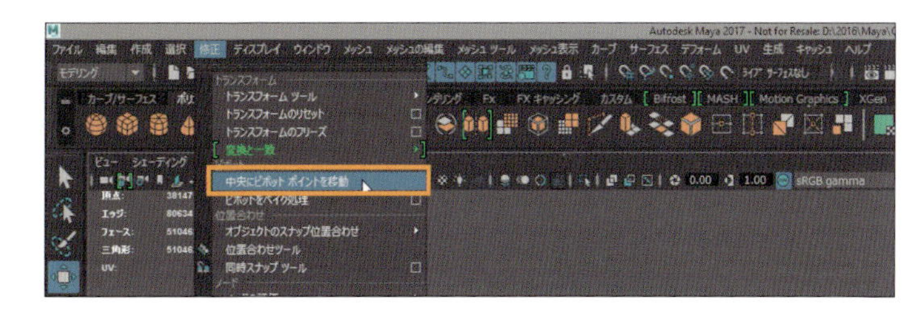

05

オブジェクトの中心に軸が移動した。

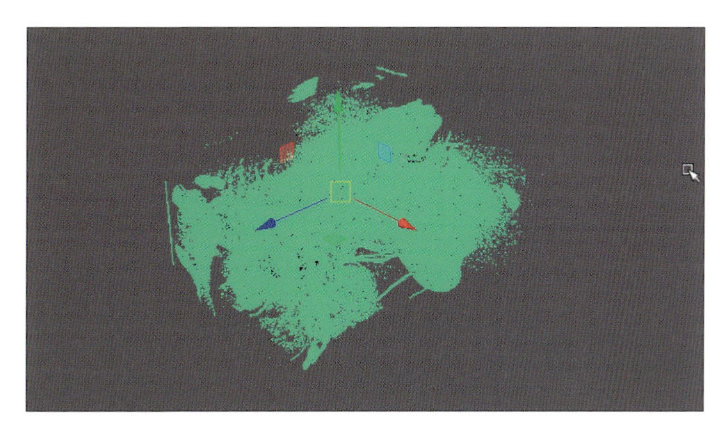

06

グリッドの中央にオブジェクトを移動させる。画面左端にあるツールボックスの[移動]アイコンをクリックする。

07 画面上部のステータスラインの[グリッドスナップ]アイコンをクリックすると、軸のアイコン中心部の形状が「□」から「○」に変わる。

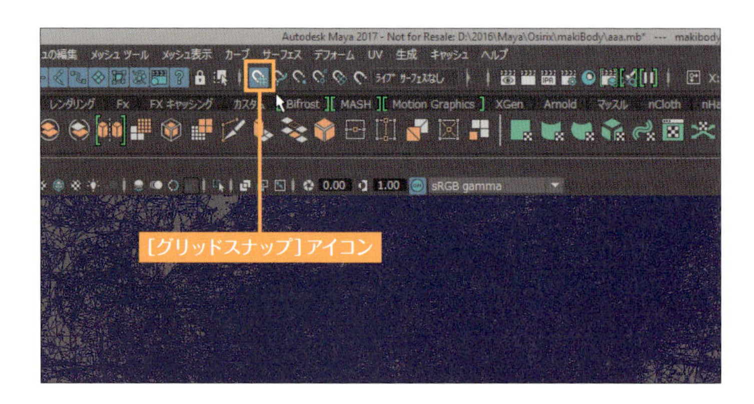

08 グリッド位置まで画面を移動させ、グリッドの中央部でマウスの中央ボタンを長押ししながらマウスをわずかに動かすと、オブジェクトがグリッドの中心部に移動する。

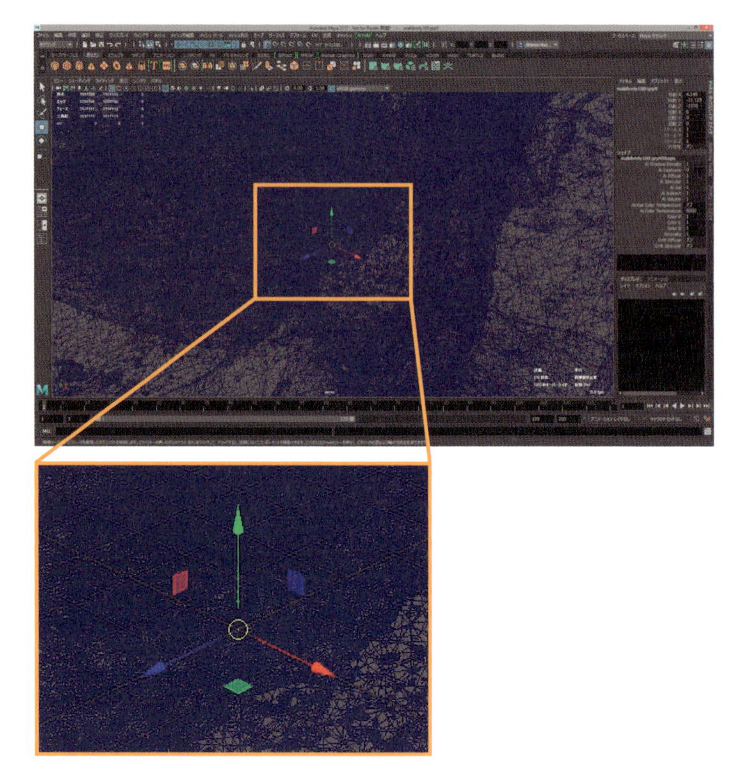

09 オブジェクトは横に寝た状態で読み込まれているので、頭部をZ方向に立てる。
ツールボックスの[回転]アイコンをクリックする。

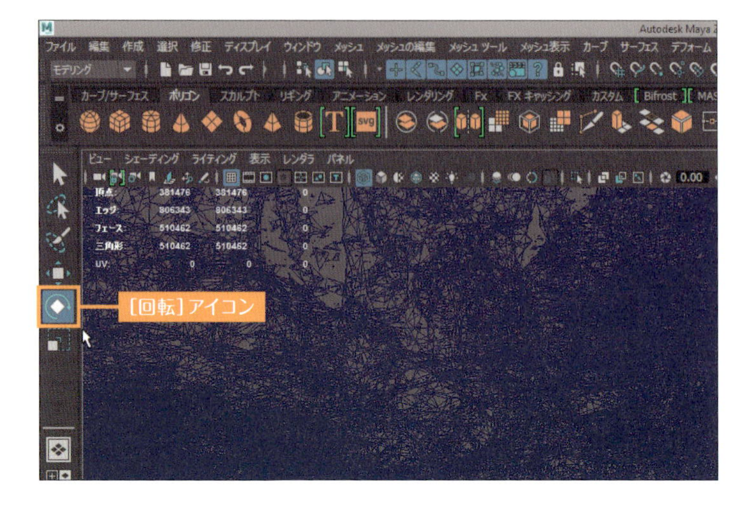

10 画面右端のチャネルボックス［回転X］入力フィールドに「－90」と入力する。

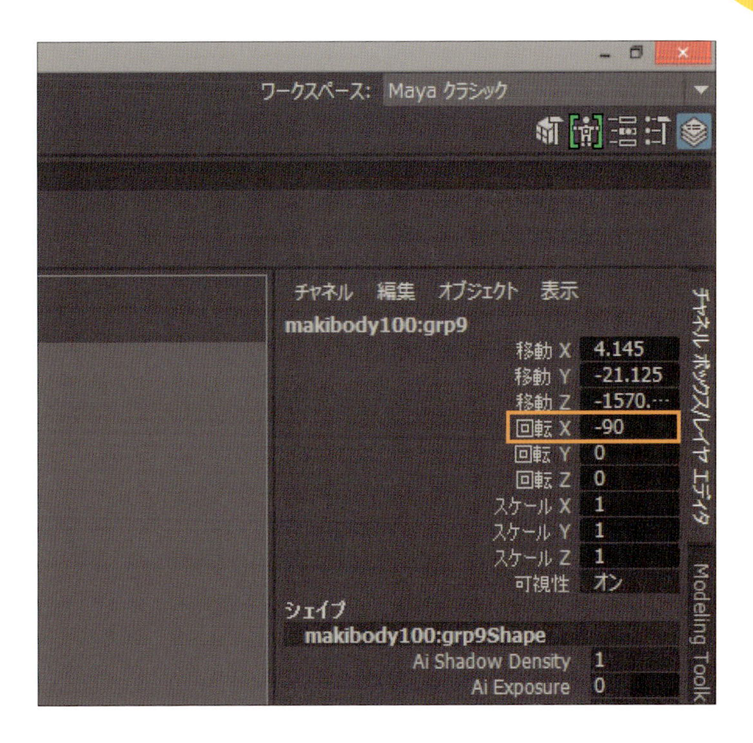

11 オブジェクトを選択した状態で、［修正］メニューの［トランスフォームのフリーズ］を実行すると、移動と回転の値が適切にゼロにリセットされ、オブジェクトの座標位置と数値の整合が取れるようになる。

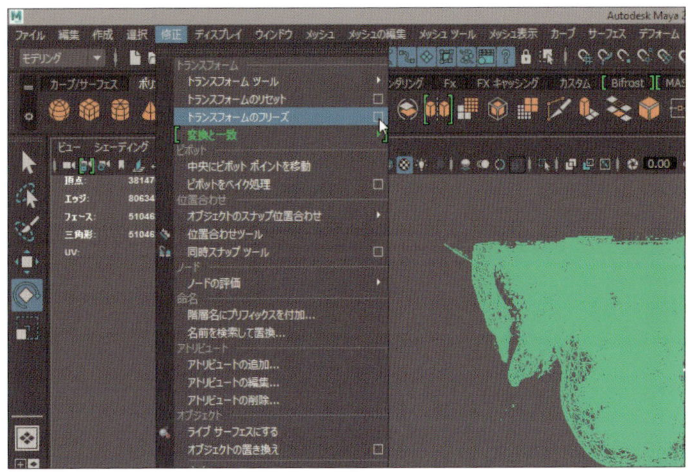

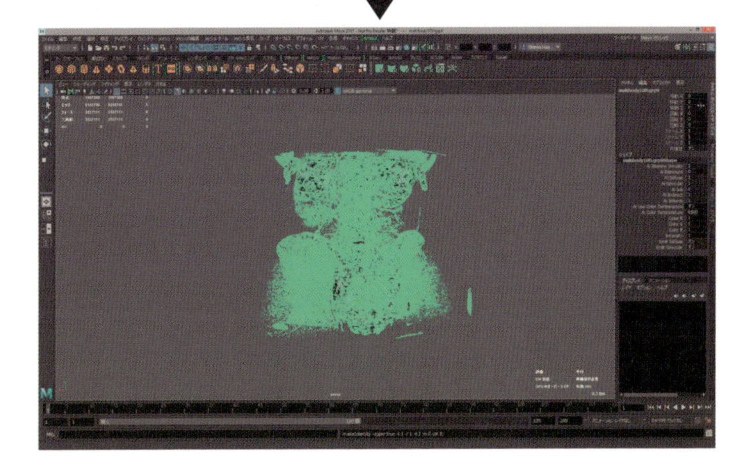

Step 02 オブジェクトを編集する

12

オブジェクトの斑点は、法線のロックを解除することで修正できる。［メッシュ表示］メニューの［法線のロックを解除］を実行する。

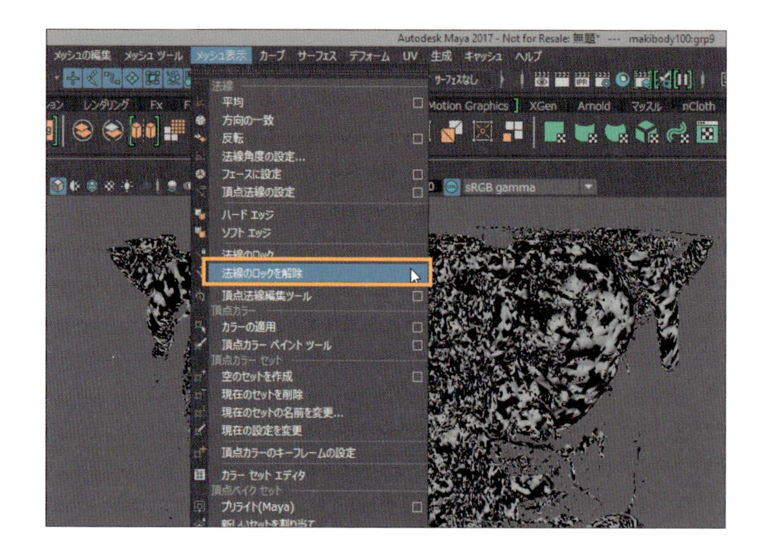

13

法線のロックが解除され、斑点が修正される。

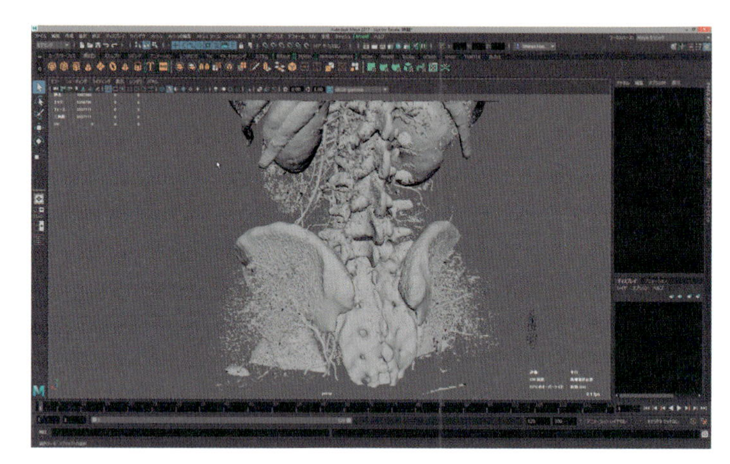

14

現状で350万ほどあるメッシュを削減し、データの編集を行いやすくする。この処理をすることで、後工程のパーツの仕分けがしやすくなるほか、最終的にOBJ VR Viewerで読み込み、HTC Viveで閲覧する際のパフォーマンス向上にも寄与する。

［メッシュ］メニューの［削減］の□をクリック。

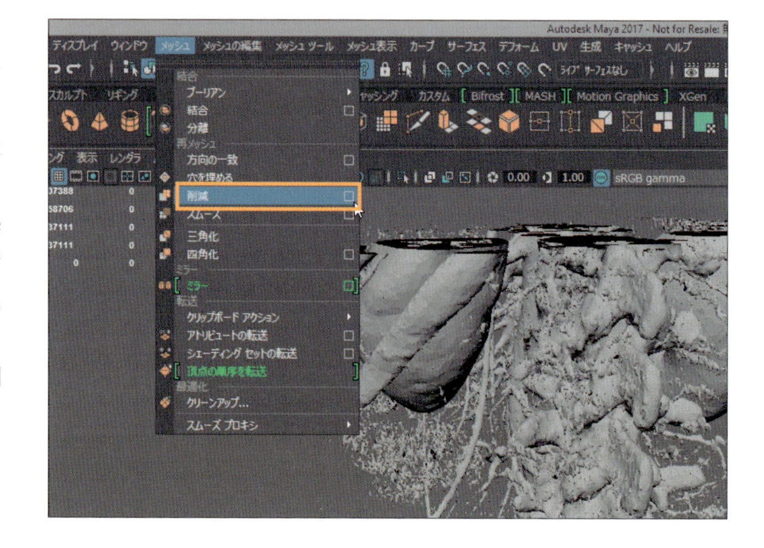

15 ［削減オプション］ダイアログボックスが表示される。［削減方法］を「パーセンテージ」にし、［パーセンテージ］入力ボックスに任意の数値を入力してメッシュ量を減らす。
ここでは80％の削減とし、「80」と入力して［削減］ボタンをクリックした。この場合、350万フェースから50万フェースに減る。
削減の目安はシェイプを崩さず維持できる80〜85％程度だろう。80％前後に削減すると、オブジェクト周辺に散見される細粒状のメッシュも整理できる利点がある。

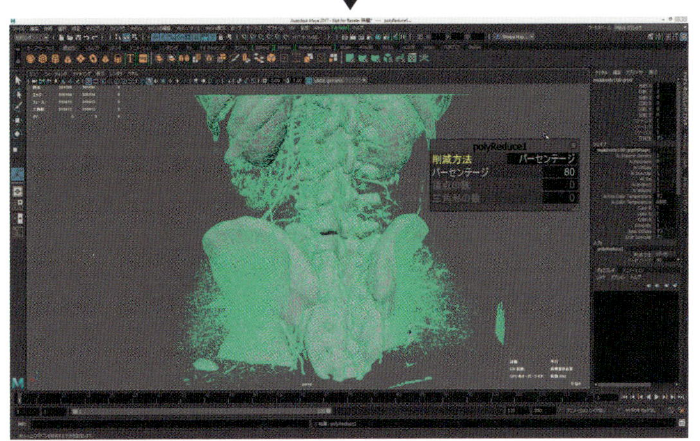

16 メッシュの削減を実行してもメッシュに非多様体ジオメトリがある場合、削減は実行されない。ここで扱っているような人体モデルではかなりの確率で図のようなエラーが表示されるだろう。このようなときはクリーンアップ機能を用いて非多様体ジオメトリを削除したうえで削減機能を実行する。

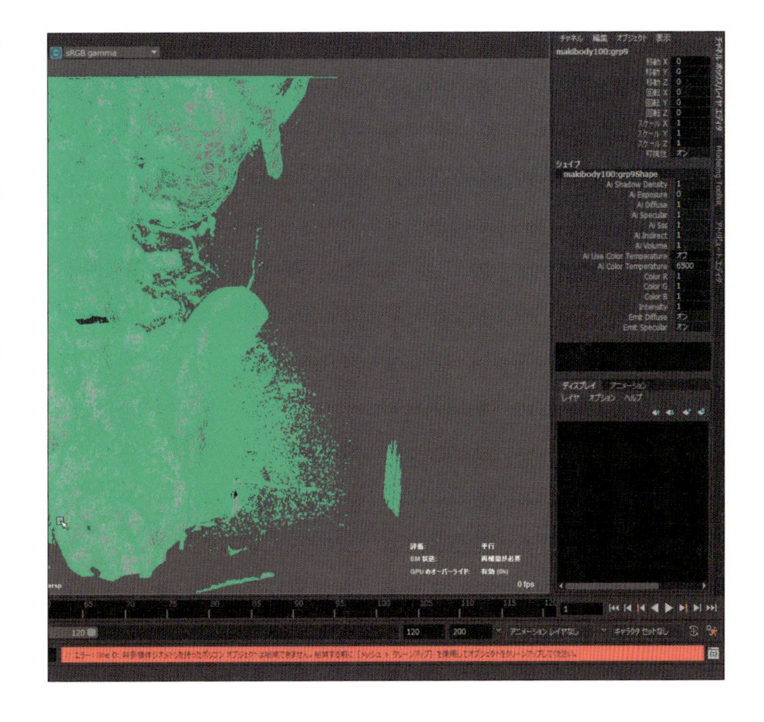

17 ［メッシュ］メニューの［クリーンアップ］を実行。［クリーンアップオプション］ダイアログボックスが表示されるので［非多様体ジオメトリ］チェックボックスにチェックを入れ、［クリーンアップ］ボタンをクリックする。

このオブジェクトでは2,472個の非多様体が検出され、クリーンアップが実行された。

再度、手順14～15を実行して、メッシュを削減する。

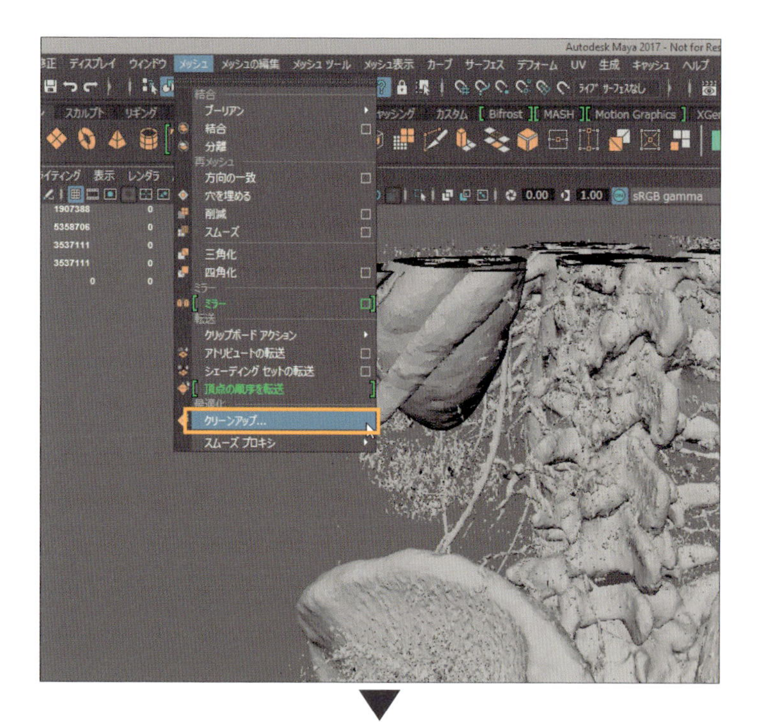

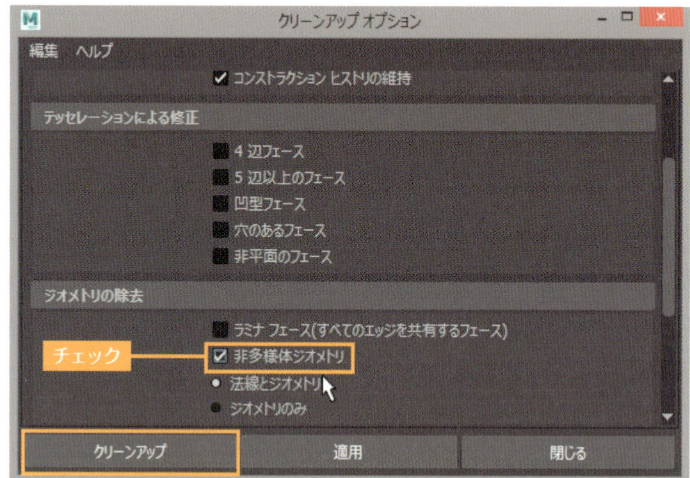

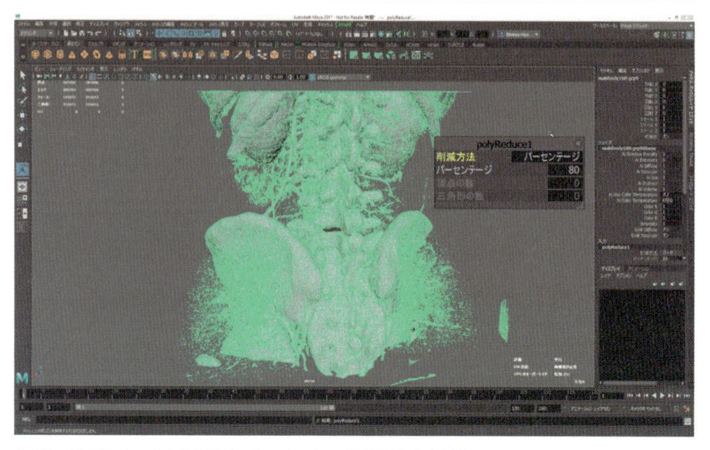

再度、手順14～15を実行して、メッシュを削減した状態

18 クリーンアップ実行後、コンストラクションヒストリという作業履歴を削除する。
[編集]メニューの[種類]－[種類ごとに削除]－[ヒストリ]を実行する。

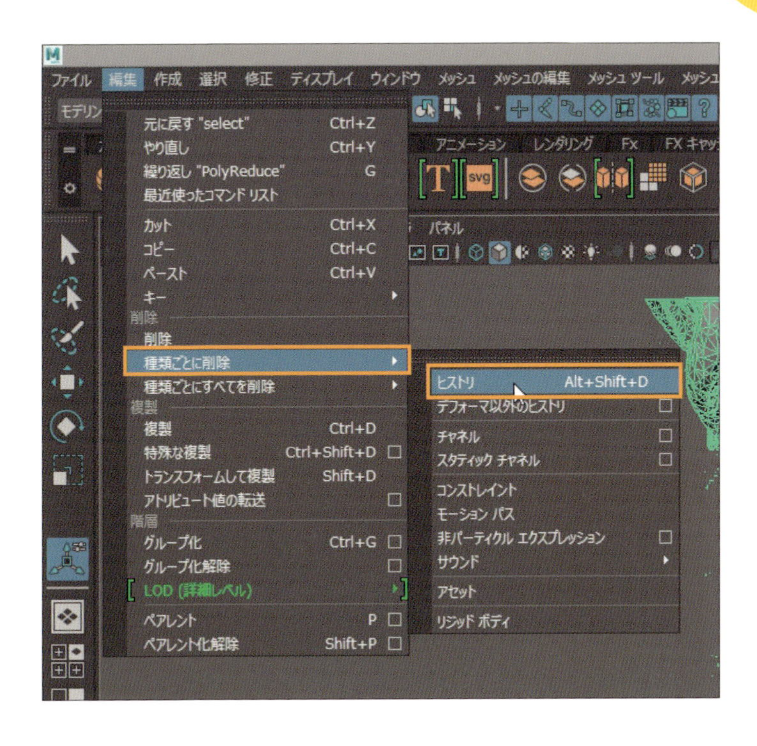

Step 03 一塊のオブジェクトを複数のパーツに分ける

19 OsiriXで出力したOBJファイルをOBJ VR Viewerで直接読み込む場合は、骨、臓器、血管のようにパーツ別に3Dサーフェスレンダリングし、別個のOBJファイルとして保存する必要があるが、Mayaで加工するときは、これらが一塊の状態でかまわない。Mayaの抽出機能を使ってオブジェクトをばらし、パーツ単位に分けることで、着色を自由に行えるようになる。
ステータスラインの[コンポーネントタイプ]アイコンをクリックし、[フェースコンポーネント]に切り替える。オブジェクトの選択色が緑色から青色になる。

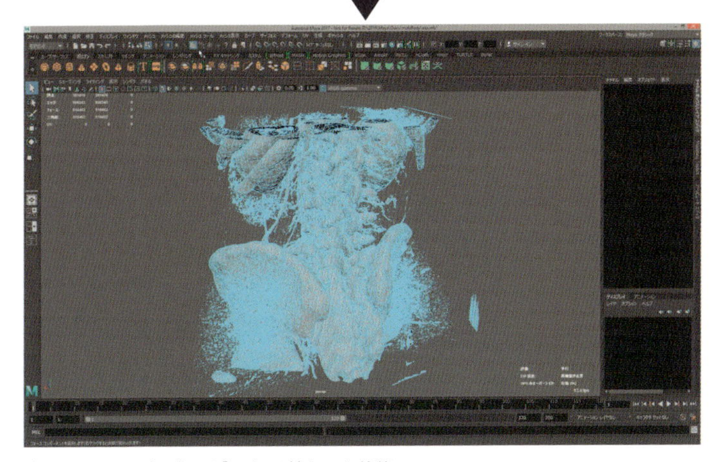

[フェースコンポーネント]に切り替わった状態

20 適当なフェースを選択した状態で、[選択]メニューの[選択項目の変換]－[シェルに]を実行。連結しているフェースの塊が選択される。

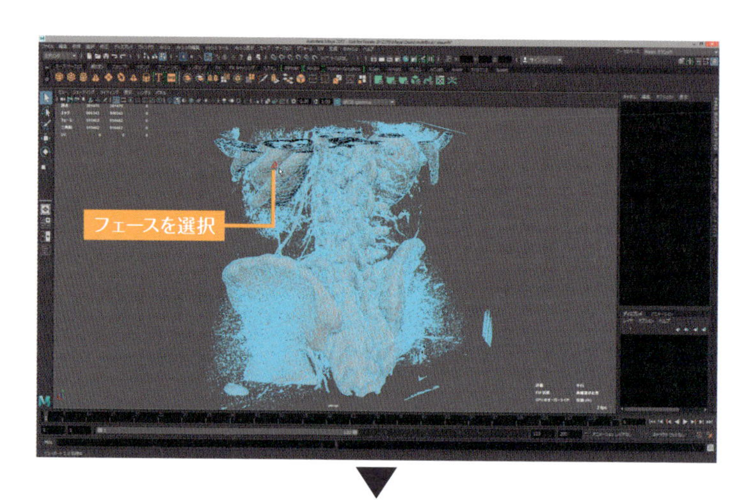

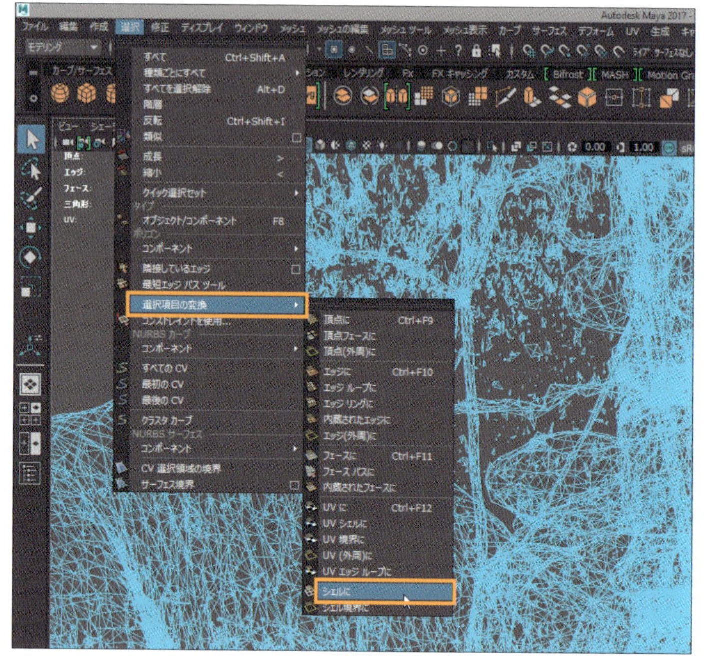

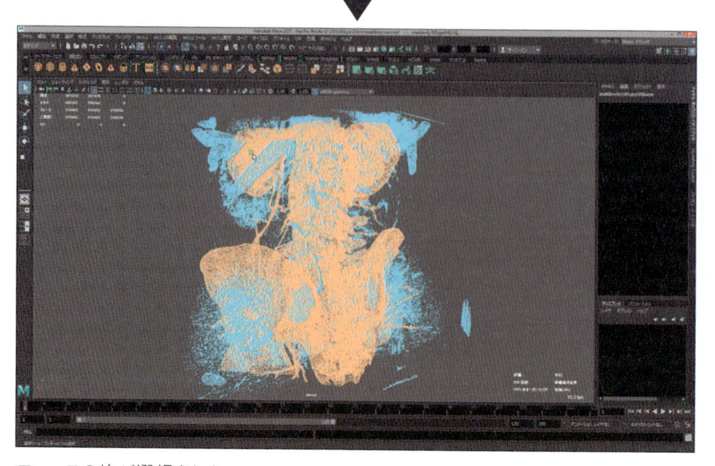

フェースの塊が選択された

選択されているコンポーネントを抽出し、別のパーツに仕分ける。

［メッシュの編集］メニューの［抽出］を実行する。

手順20～21の作業を着色したい塊ごとに実行する。ここでは、「骨と腹部大動脈」「上腸間膜動脈と静脈」「腎臓」の3パーツに分けた。

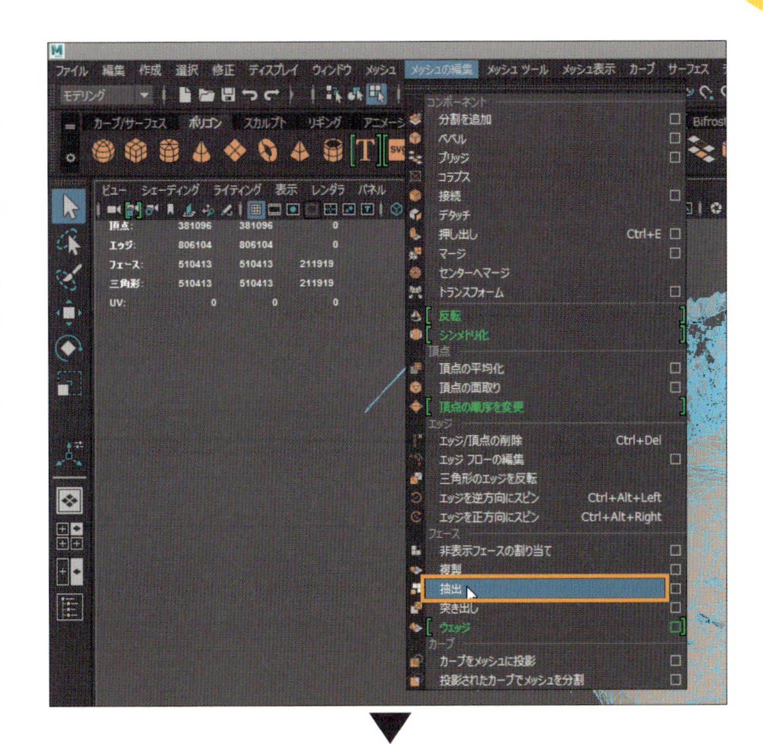

▼

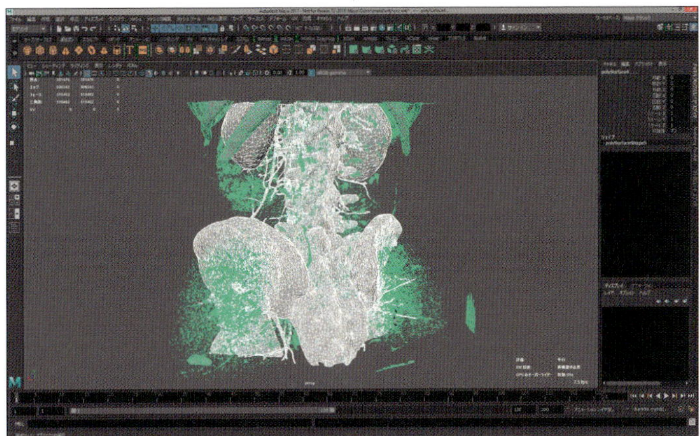

パーツに分けられた状態。パーツ以外の部分（図の緑色の部分）は不要なので［Delete］キーで削除する

22 各三角メッシュの縁がパキッとした状態をスムーズにし、滑らかな表示になるようにする。
オブジェクトを選択し、[メッシュ表示]メニューの[ソフトエッジ]を実行する。

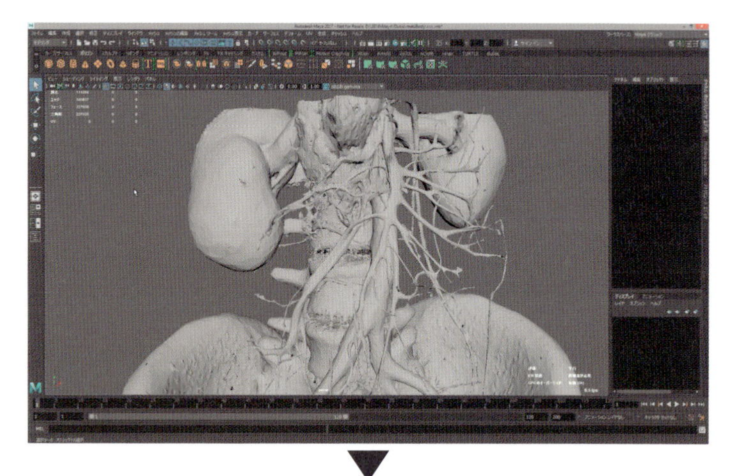

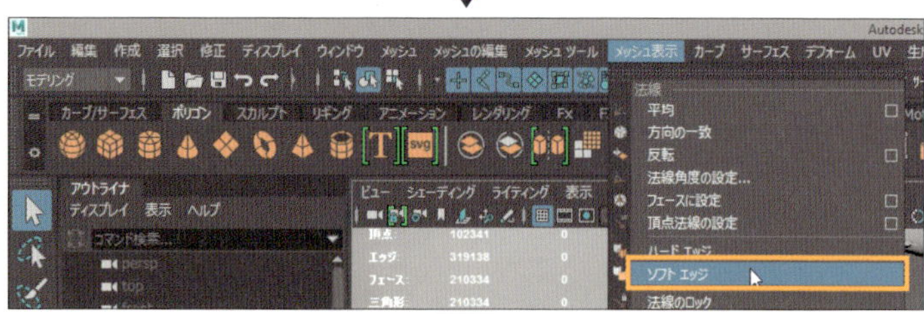

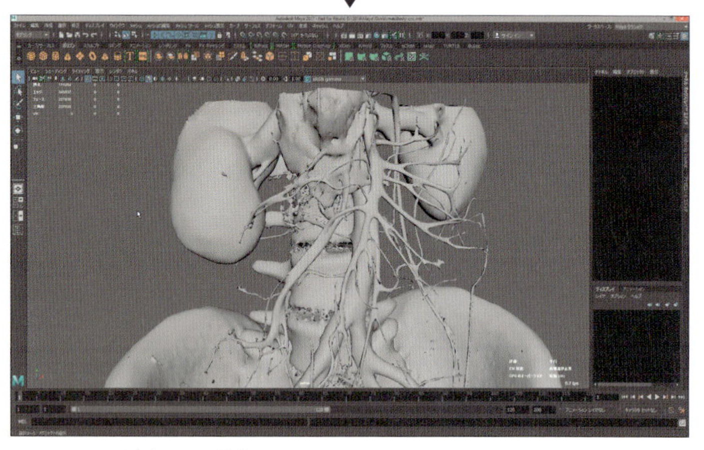

ソフトエッジが実行された状態

23 パーツに分けた各オブジェクトの配色を変更する。
ステータスラインのプルダウンメニューを[モデリング]から[レンダリング]に変更する。

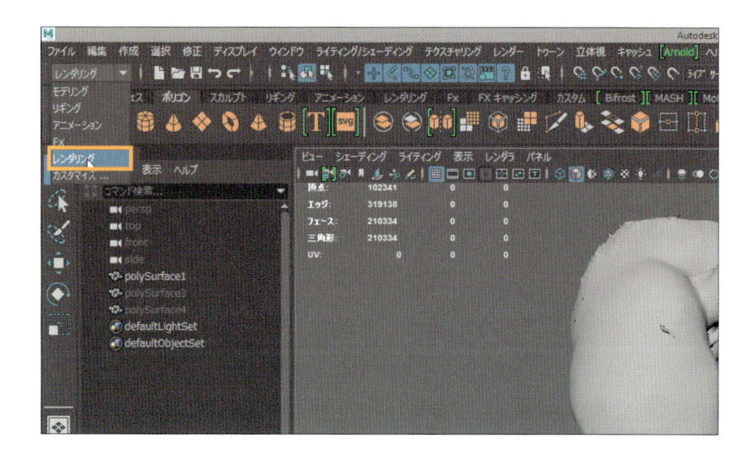

24 色を変更したいオブジェクトを選択した状態で、[ライティング/シェーディング]メニューの[お気に入りのマテリアルの割り当て]－[Lambertシェーダ]を実行する。

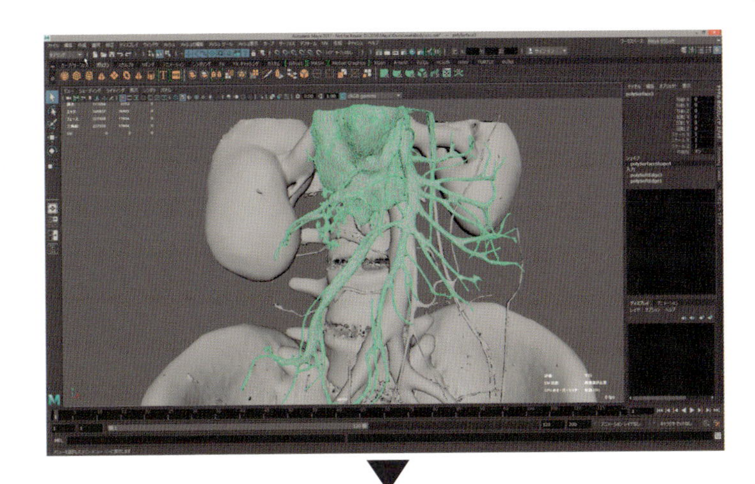

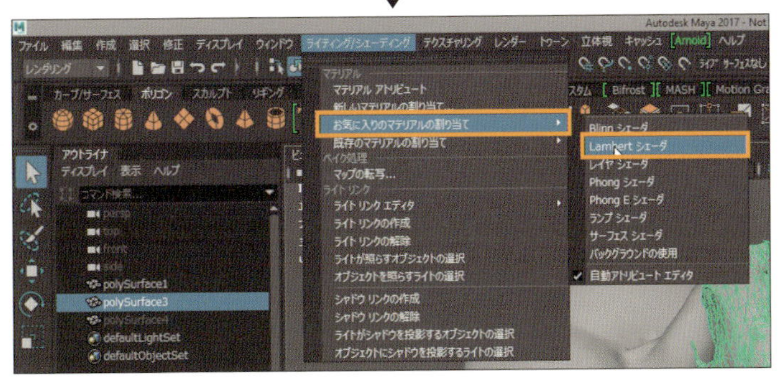

25 [ライティング/シェーディング]メニューの[マテリアルアトリビュート]を実行する。

画面右側にアトリビュートエディタが表示されるので、[カラー]をクリックし、任意の色に変更する。[カラー]の色の変更は、カラーサンプルをダブルクリックして表示されるカラーチューザーで行う。

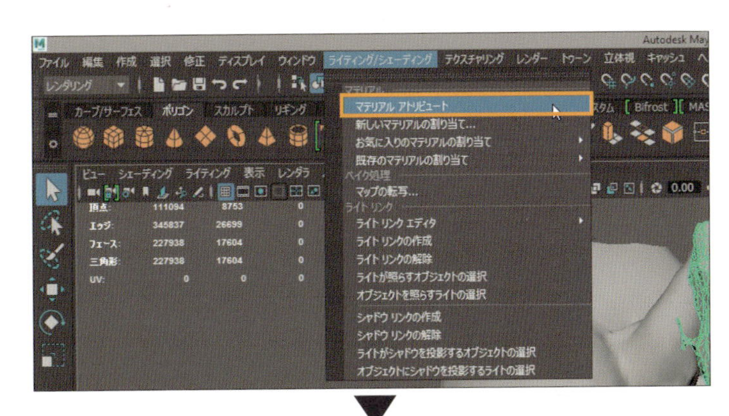

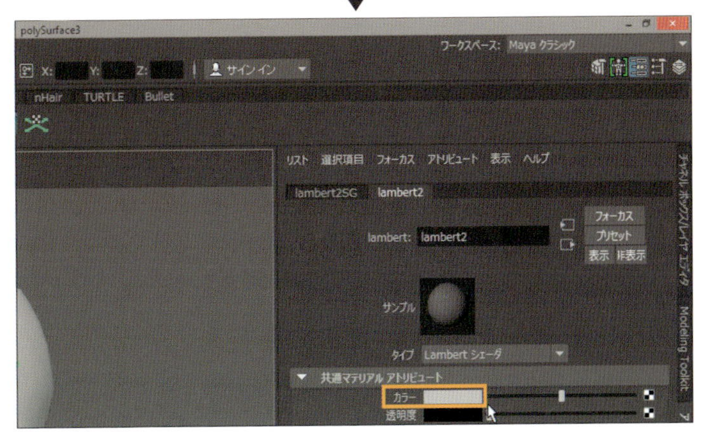

表示されるカラーチューザー

26 色を変更したいオブジェクトごと、手順24～25を繰り返す。

27 一部の臓器を半透明表示にし、実質を観察できるようにする。

手順23〜24を実行し、[ライティング/シェーディング] メニューの [マテリアルアトリビュート] を実行して表示されるアトリビュートエディタが表示されるので、[透明度] のスライダをドラッグして適切な透明度にする。

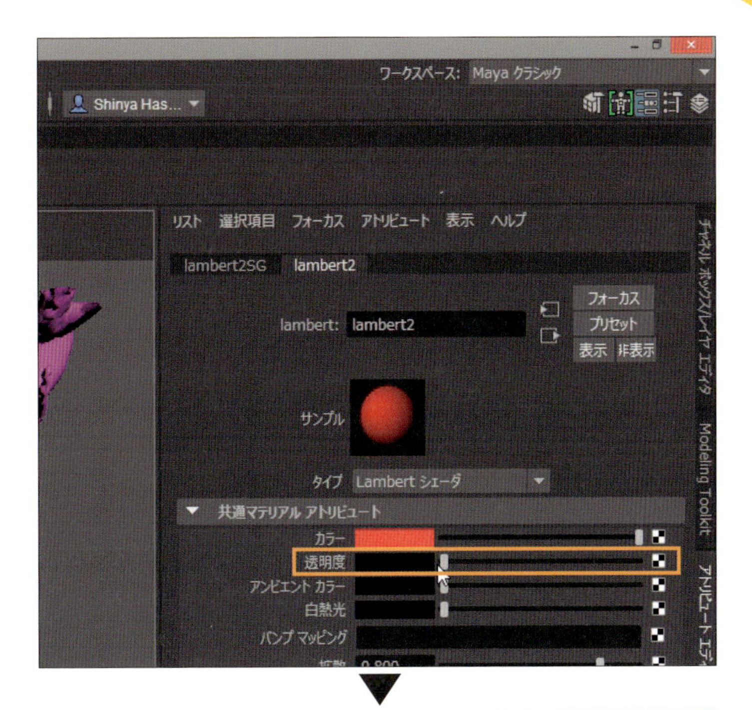

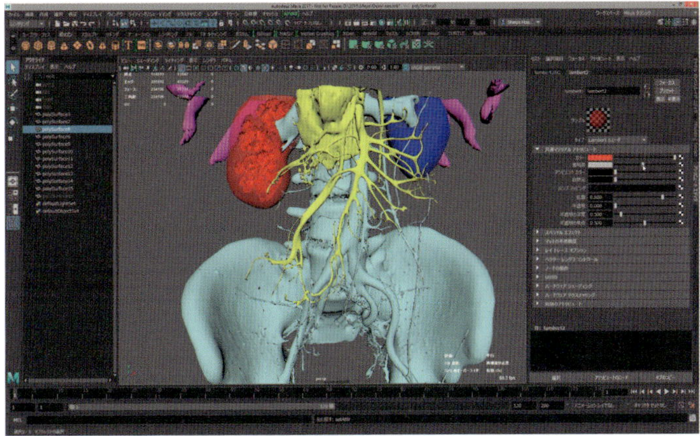

腎臓の透明度を50%程度にした状態

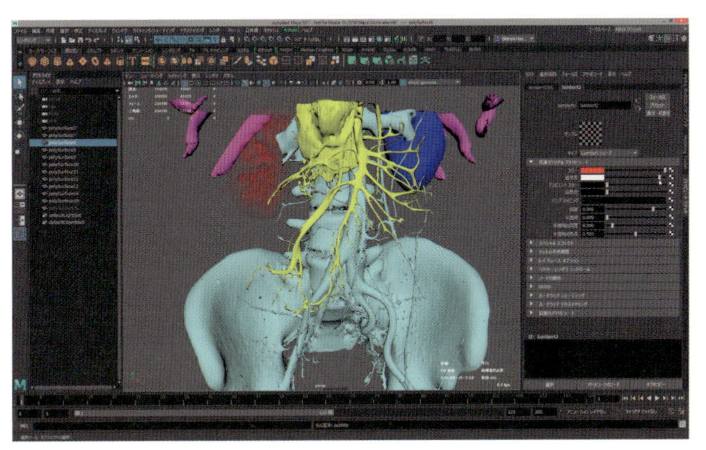

腎臓の透明度を90%程度にした状態

28 パーツごとにOBJファイル（とMTLファイル）を出力する。

書き出したいオブジェクトを選択し、［ファイル］メニューの［選択項目の書き出し］を実行する。

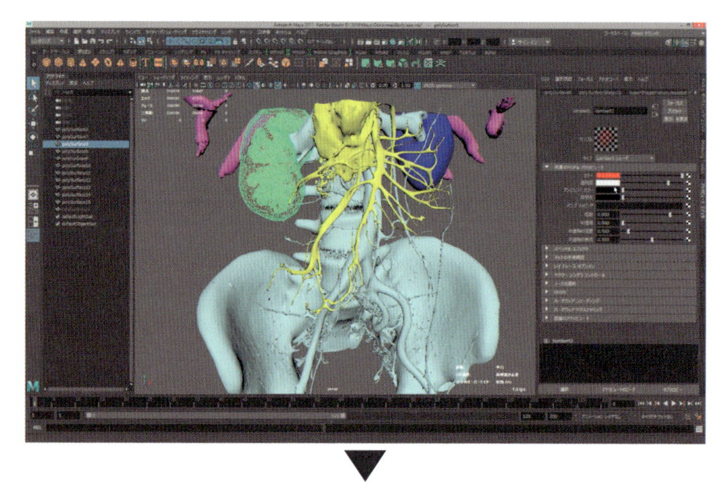

▼

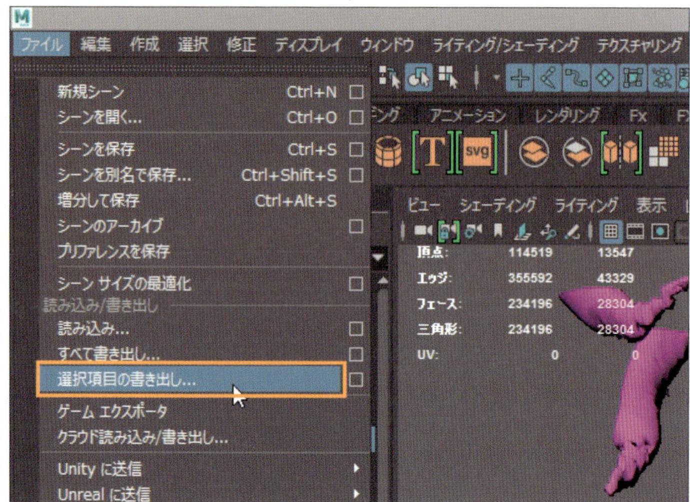

書き出すパーツを選択して、［選択項目の書き出し］を実行する

29 ［選択項目の書き出し］ダイアログボックスが表示されるので、［ファイルの種類］で「OBJexport」を選択。任意の場所にファイルを保存する。

30 1パーツにつき、OBJファイルとMTLファイルが1つずつ書き出される。
手順28～29をパーツの数だけ実行する。

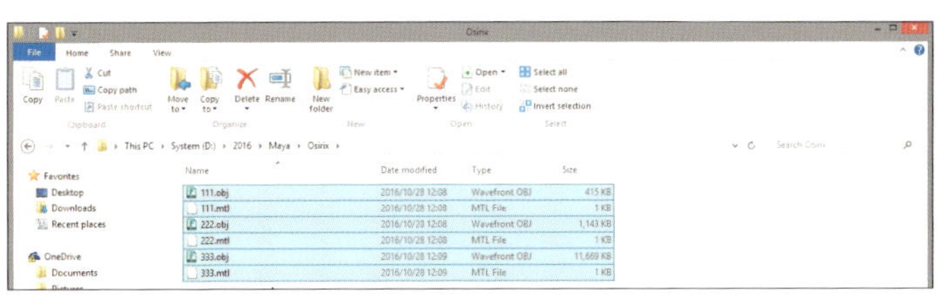

パーツそれぞれにOBJとMTLファイルが書き出され、合計6つのファイルが作成された

31 Chapter 03－Step 02「OBJファイルをOBJ VR Viewerに読み込む」の手順を実行する。透明表示によって腎臓内の実質も観察できる。

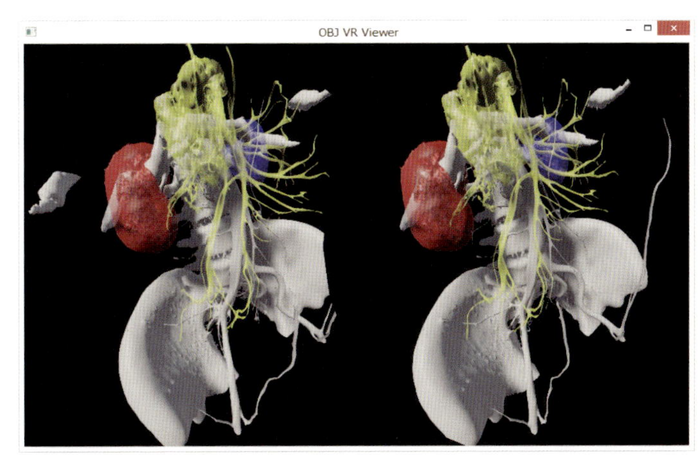

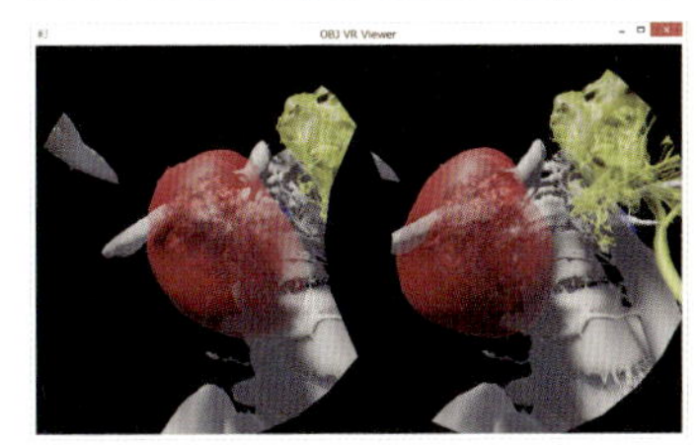

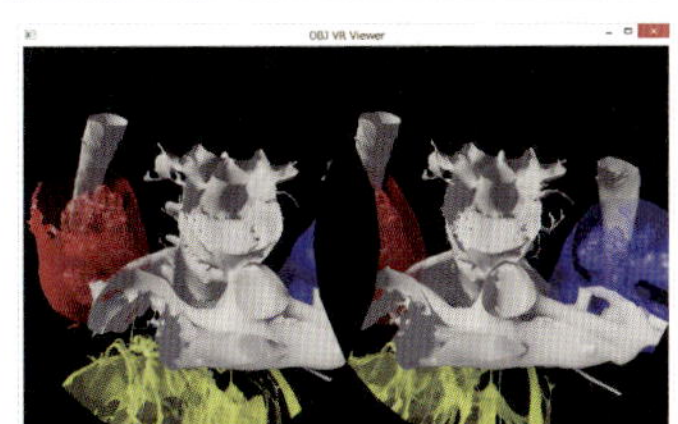

Chapter 03で使用した肺と骨のオブジェクトもMayaで透明化処理などを行い、OBJ VR Viewerで読み込んだ。左肺上葉の腫瘍が観察できる。

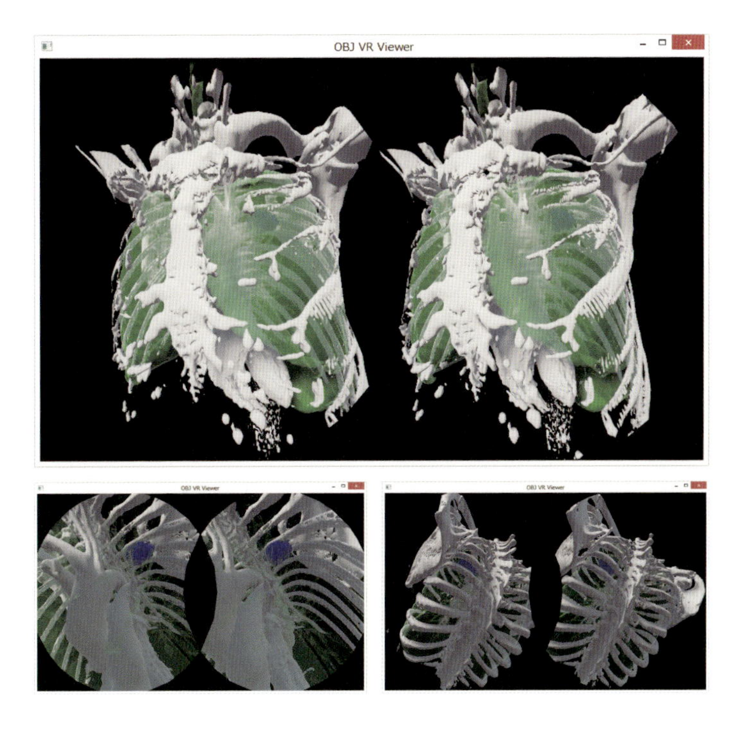

HTC Viveで VR人体モデルを操作する

OsiriXで3Dサーフェスレンダリングを実行し、OBJファイルに書き出した人体モデルは、特に難しい操作を要せず、HTC ViveでVR体験できることがわかった。
ここでは、これまで紹介したOBJ VR Viewerの コマンド体系と、HTC Viveのコントローラに割り当てられた機能を整理して解説する。

Step 01 OBJ VR Viewerのコマンド体系

OBJ VR Viewerの操作の多くはキーボードからキーを入力することで行う。
OBJファイルの読み込みを行う[O]キーは、1回実行につき1ファイルを読み込む仕様のため、複数のOBJファイルを読み込むには、ファイル数だけ[O]キーを実行する必要がある。その場合、複数のオブジェクトの配置位置は、

①最初に読み込んだオブジェクトのバウンディングボックスセンターを自動的に計算し、オブジェクトのセンターピボットとする。
②2番目以降に読み込むオブジェクトは、最初のオブジェクトのセンターピボットを基準に位置がオフセットされ読み込まれる。

となっている。オブジェクトの各頂点法線は自動的に平均化される。
なお、[Open]ダイアログボックスからオブジェクトを読み込んだ後にマウスフォーカスが外れたときは、ビューワ画面をクリックすると、オブジェクトは再びマウスに追従するようになる。

操作	コマンド
OBJファイルの読み込み	[O] キー
VR Viewerを終了する	[Esc] キー
読み込んだオブジェクトをすべて削除	[C] キー
フロアオブジェクトの表示／非表示	[F] キー
シャドウの表示／非表示	[S] キー
オブジェクトAxisの表示／非表示	[D] キー

Step 02 HTC Viveコントローラの操作体系

コントローラ1

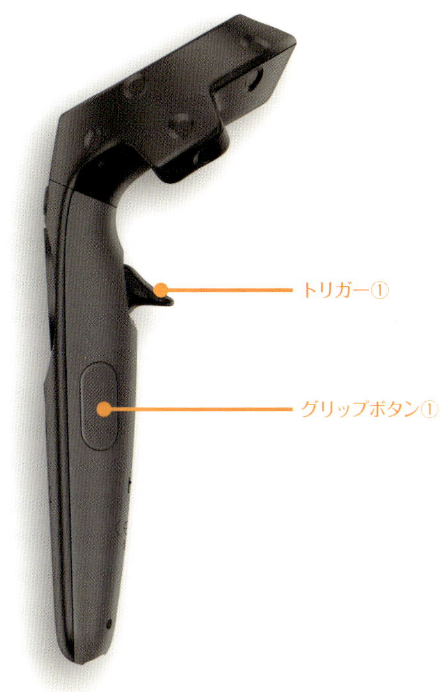

操作	動作
オブジェクトの移動	トリガー①＋ コントローラ移動
フリーラインの描画	グリップボタン①＋ コントローラ移動

コントローラ2

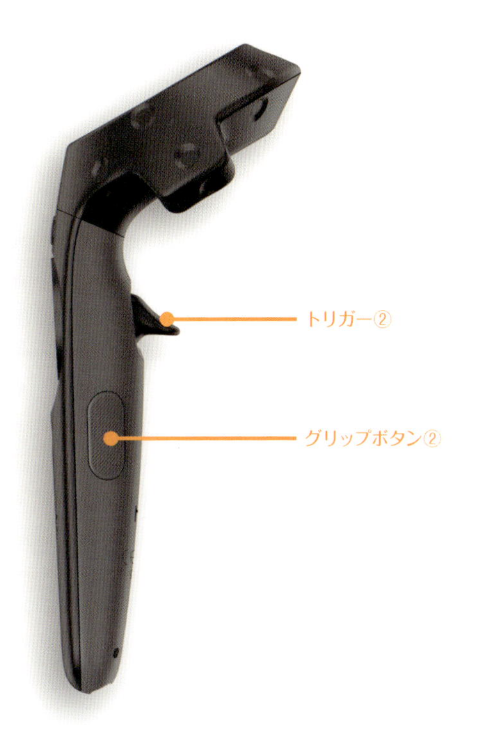

操作	動作
オブジェクトの回転 （トラックボール）	トリガー②＋コントローラ上下左右移動 ※コントローラの上下左右移動中に前後移動が入ると回転が不自然になる場合がある
オブジェクトの回転 （HMD視線を軸に）	トリガー②＋トラックパッド②上部を押し下げ＋コントローラ上下移動
オブジェクトのスケール	グリップボタン②＋コントローラ上下移動
ディレクショナルライト （無限平行光源）の向き	トラックパッド②下部を押し下げ＋コントローラの向き ※フロアオブジェクトが表示されている場合、ワールドシーンの上向きへの光源は遮断される

記事で使用したアプリケーション／ハードウェア

VR人体モデルの制作で使用したアプリケーションおよびハードウェアの入手先や情報を整理しておこう。
詳細は各製品の問い合わせ先を参照してほしい。
また、記事ではHTC Viveでの閲覧用に人体モデルを加工したが、
スマートフォンでもこの人体モデルをVR体験できるアプリを開発、
App StoreやGoogle Playで無料公開しているので、ダウンロードして試してほしい。

Information 01 OBJ VR Viewerのダウンロード先

OBJ VR ViewはWebサイトからダウンロードできる。ZIP形式で圧縮されている「ObjVrViewer1.0.0.zip」を展開して作成されたフォルダ「ObjVrViewer1.0.0」中の「ObjVrViewer.exe」がビューワ本体だ。

「ObjVrViewer.exe」をフォルダから移動させると動作しないため、必ず「ObjVrViewer1.0.0」フォルダ中で使用するか、任意の場所にショートカットを作成して利用する。

アンインストールするには、レジストリを使用していないので、「ObjVrViewer1.0.0」フォルダごとを削除すればよい。

OBJ VR ViewerでのOBJファイルの読み込みは、OsiriXから直接書き出したOBJファイル、Mayaで加工して書き出したOBJファイルで正常で行われることを確認している。しかし、その他のDICOMビューワやCGソフトなどで出力したり、加工したりしたOBJファイルでは検証しておらず、必ずしも正常に読み込めるとはかぎらないことに留意してほしい。

なお、OBJ VR ViewerはWindowsのみ対応しており、Macでは動作しない。

ダウンロード先

OBJ VR Viewerは、VRやARを活用した新しい医療ヘルスケアサービスの提供を目的に谷口直嗣氏と杉本真樹が設立したHoloEyes株式会社、ボーンデジタルのそれぞれのWebサイトで無料公開している。各Webサイトの説明に従ってダウンロードしてほしい。

HoloEyesのダウンロード先
http://holoeyes.jp/

ボーンデジタルのダウンロード先
https://www.borndigital.co.jp/book/support/

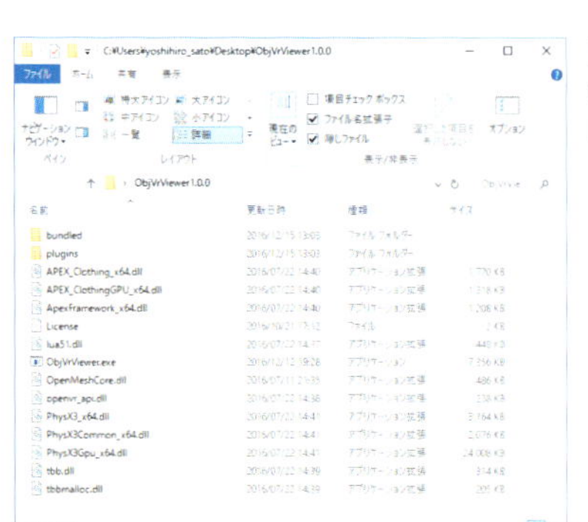

「ObjVrViewer1.0.0」フォルダを開いた状態。「ObjVrViewer.exe」がビューワ本体だ

Information 02 VR人体モデル制作にお勧めのノートパソコン

HTC ViveでVRコンテンツをストレスなく体験するには、特にグラフィックス性能が高いパソコンが必要だ。具体的にどの程度の性能があればよいのか——。ここではその目安としてレノボ・ジャパンが開発・販売するノートパソコンThinkPad P70を紹介しよう。

●

ThinkPad P70はノートパソコン向けに開発されたインテルXeon E3-1500M v5製品ファミリーを搭載。グラフィックスにはNVIDIA Quadro Mシリーズを採用し、Quadro M600MからハイエンドQuadro M5000Mまで対応する。17.3型IPSディスプレイにフルHD（1920×1080）と4K UHD（3840×2160）を選択可能。3D CADやCG、デジタルコンテンツ制作、動画編集などの高いグラフィックス性能を要する作業にも対応できるモバイルワークステーションだ。

CPU	インテルXeonプロセッサE3-1500M v5製品ファミリー、Core i7から選択可能
ビデオチップ	NVIDIA Quadro M5000M／Quadro M4000M／Quadro M3000M／Quadro M600Mから選択可能
ディスプレイ	17.3型FHD IPS液晶（タッチパネル選択可能）（1920×1080ドット）／17.3型 4K UHD IPS液晶（3840×2160ドット）から選択可能
メモリ	最大64GB（PC4-17000 DDR4 SDRAM DIMM）、スロット数4
サイズ・重量	幅約416mm×奥行き275.5mm×高さ29.9～34.2mm、約3.43kg
開発・販売	レノボ・ジャパン
URL	http://www.lenovo.com/jp/ja/

Information 03 本書制作のVR人体モデルを体験できるアプリ

Part 4で制作したVR人体モデルは、スマートフォンでも体験できる。App StoreやGoogle Playで無料公開しているので、ダウンロードして、ダイナミックな人体ツアーを体験してほしい。

HoloEyes VR

対応OS ● iOS (iPhone、iPad) ／Android
価格 ● 無料
販売 ● HoloEyes

HoloEyes VRはスマートフォンをGoogle Cardboard型のヘッドセットに装着し、本書で制作したVR人体モデルなどを閲覧できる医療系VRアプリだ。

起動すると、3種類のVRコンテンツ「Body」「Head」「Lawer Body」を選択するメニュー画面が表示される。閲覧したいコンテンツのアイコンを視界中央にとらえるだけで、コンテンツが選択され、自動で人体ツアーが開始される。

人体ツアーからメニュー画面に戻りたいときは、「Back to Menu」メッセージに視線を合わせる

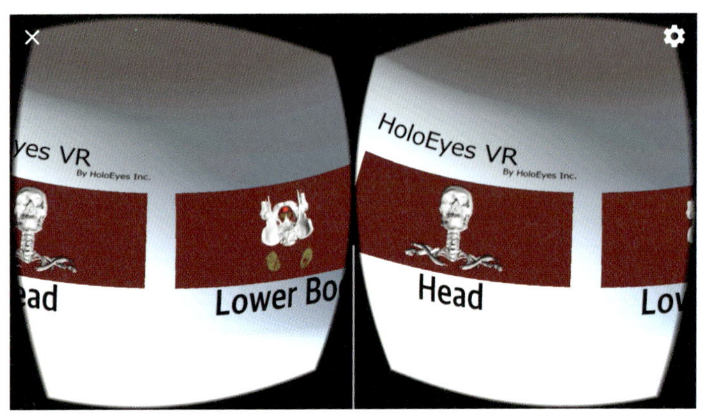

HoloEyes VRのメニュー画面。「Body」「Head」「Lawer」のコンテンツを選べる

Part 4で制作したVR人体モデルをはじめ、いずれのコンテンツも実在の人物を撮像したDICOMデータを素材としたものだ。「Body」は肝臓や膵臓、腎臓を中心に描出した上腹部、「Head」は頭蓋骨、「Lawer Body」は骨盤内臓器を描出した下腹部の解剖となっている。

いずれのコンテンツでも、主要な骨や臓器には日本語名と英語名を併記したアノテーション（注釈）が表示される。視覚で位置関係を把握し、アノテーションで名称を確認できる。初歩の医学教育の教材にも使えるだろう。

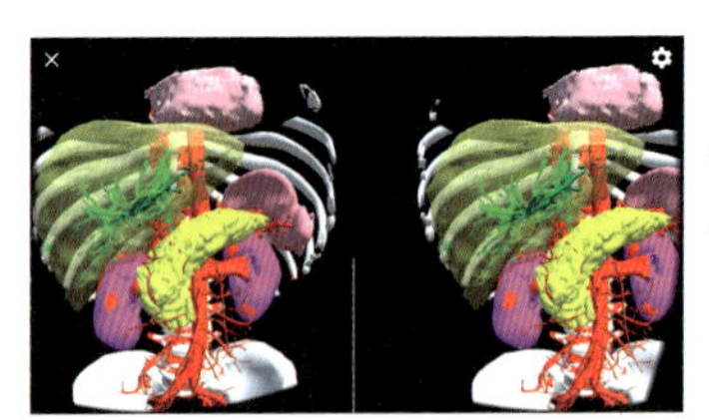

「Body」では、肝臓、脾臓、膵臓、腎臓の解剖を閲覧できるほか、臓器の実質も観察できる。肝臓は透明化処理されており、肝動脈も見える

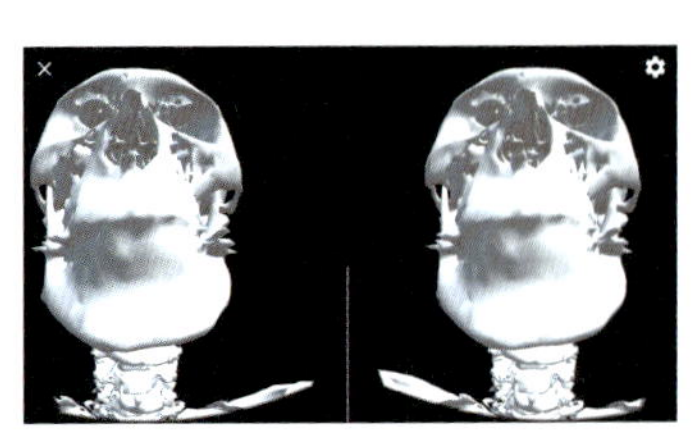

「Head」は頭蓋骨の内部を見る角度を変えながら観察できる

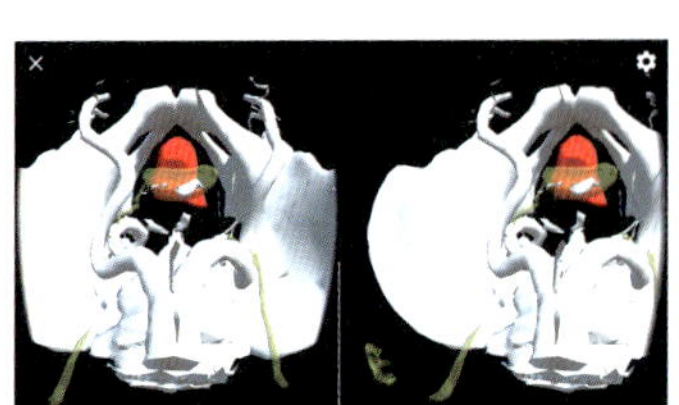

「Lawer Body」では、骨盤、腎臓、尿管、膀胱、前立腺の解剖を把握できる

Part 4

VR/AR医療を今すぐ体験できる、実践に役つアプリケーション集

VR/AR技術を活用した医療分野のアプリケーションがいよいよ登場している。
医療現場で明日からすぐに役立ちそうなアプリケーション、
ヘルスケア領域での新しいビジネスコンテンツ開発の
ヒントやアイデアを秘めたアプリケーションを紹介しよう。

Tool 01 医療VR/ARコンテンツ活用のコアになる医用画像処理のキラーツール

OsiriX

価格 ● OsiriX Lite：無料／OsiriX MD：699ドル～
開発 ● Pixmeo SARL

MacOS X

OsiriX（オザイリクス）は、医用画像の表示と画像を分析するために開発されたDICOMビューワ。DICOM通信機能も備えており、簡易的なPACSとしても利用できる。2003年に開発が始まり、以来、世界45か国、250万人以上のユーザーに利用されている。

CTやMRIなどの2Dの撮像データの閲覧や計測といった基本機能はほぼ網羅するが、OsiriXの真骨頂は3D機能だ。複数断面を同時に表示する各種MPR（multi planar reformation：多断面再構成）、バーチャル3D内視鏡機能、3D画像を生成する3Dボリュームレンダリングや3Dサーフェスレンダリングなどが、パソコン（Mac）で実行できてしまう。3Dサーフェスレンダリングで生成した3D画像をSTLやOBJ形式などのポリゴンデータとして書き出す機能も搭載されている。本書に登場するVR人体モデルの多くは、この機能によって生成している。

FDA/CE認証を取得し64ビット対応の有料版OsiriX MD、32ビット対応で3D化機能に一部制約はあるが無料のOsiriX Liteの2種類がある。詳しい操作方法を解説した書籍として、日本語マニュアル『OsiriX画像処理パーフェクトガイド』（発行：エクスナレッジ）、OsiriXによるモデリングや3Dプリントを解説した『医用画像3Dモデリング・3Dプリンター活用実践ガイド』（発行：技術評論社）がある（いずれも杉本真樹著）。

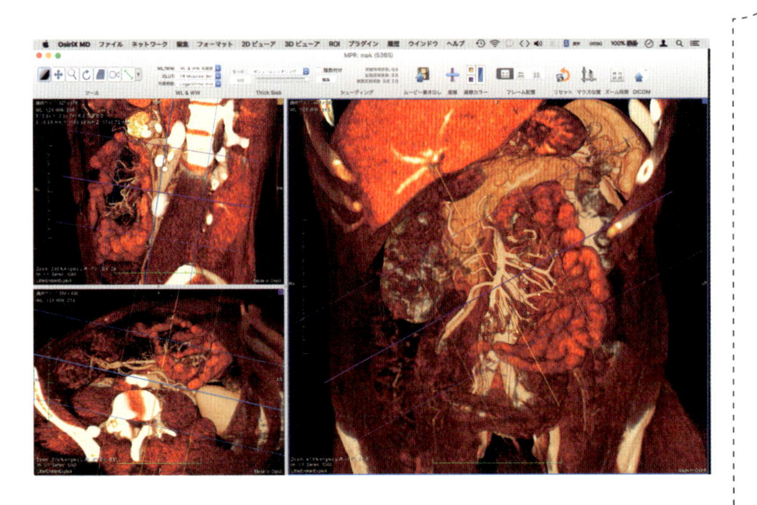

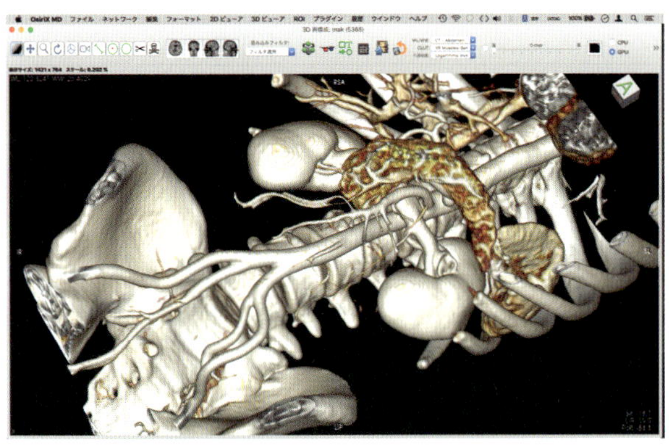

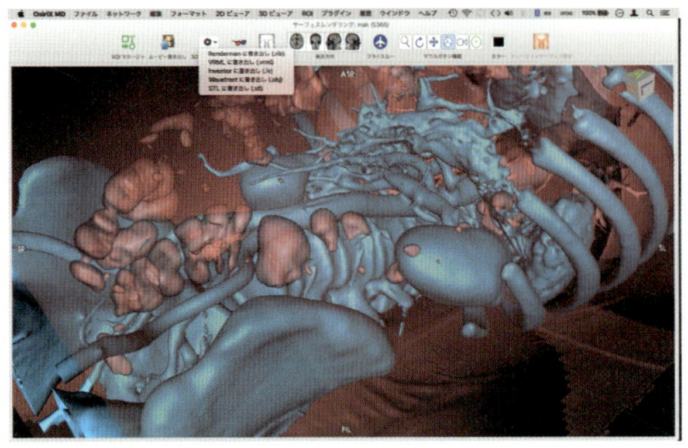

公式サイト「OsiriX」（http://www.osirix-viewer.com/）から購入／ダウンロードできる。サンプルのDICOMデータも多数掲載されている

VRコンテンツビジネスを展開する
EON Realityが公開するビューワアプリ

EON Experience VR

価格●無料
販売●EON Reality, Inc.

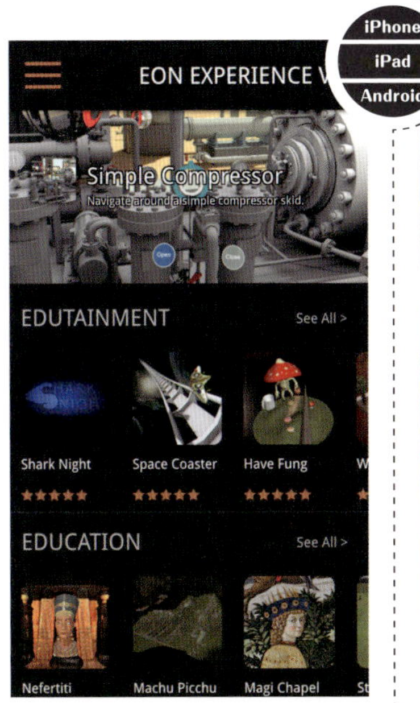

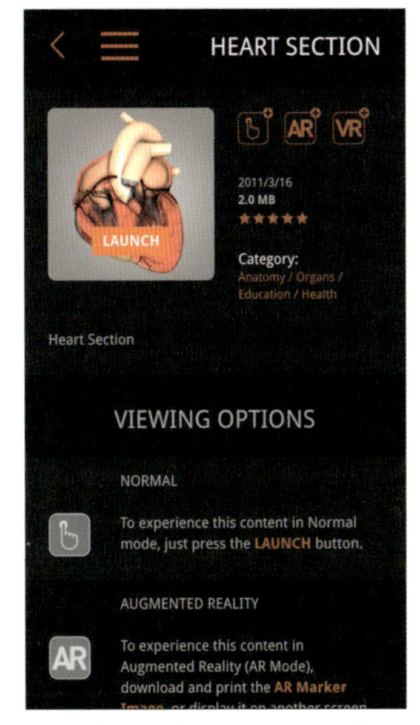

VRモデルが登録されているライブラリとVRモデル選択画面。ARモードで心臓を表示させたところ

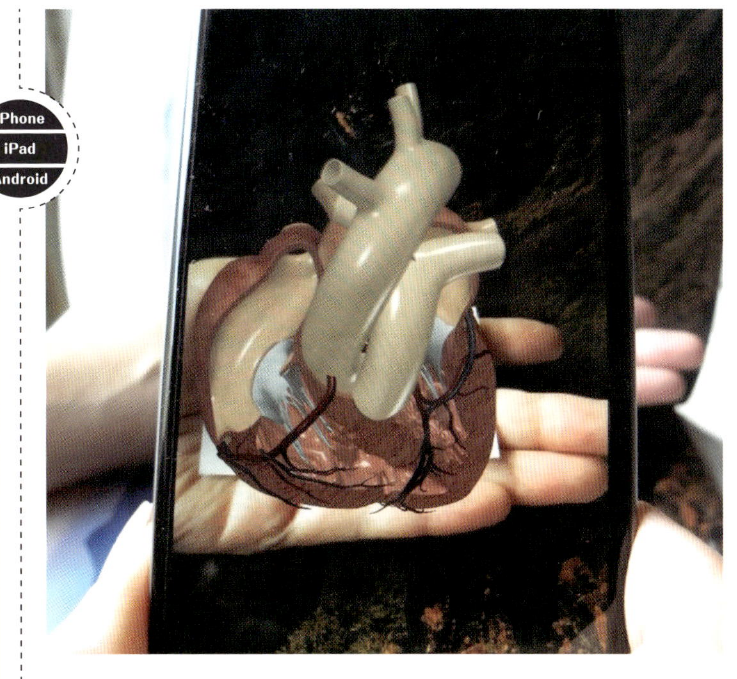

専用アプリケーションで制作されたVRモデルを表示するモバイルアプリ。閲覧できるVRモデルは、エデュテインメントや教育、解剖学、建築、生物学など多種多様なジャンルにわたって豊富に登録されており、クオリティも総じて高い。

VRモデルにはそれぞれノーマルモード、ARモード、VRモードの3つのモードが用意されており、異なる視点や雰囲気、環境で楽しめる（すべてのVRモデルに3モードがあるわけではない）。スマートフォンやタブレット画面上でVRモデルをスワイプして回転させたり、ピンチアウト／インで拡大／表示するなど、インタラクティブに楽しめるノーマルモード。スマホやタブレット内蔵のカメラを専用のQRコード「AR marker」に向けると、マーカーからVRモデルが飛び出して見えるARモード。そしてVRモードではGoogle Cardboard型のヘッドセットを使用することで没入型のVR世界を体験できる。

有料の制作アプリケーションを購入すれば、インターネットで公開されている豊富な有料／無料の3Dコンポーネントや3Dシーンをユーザーが組み合わせたり、加工したりして、チュートリアルやゲームなどオリジナルのVRコンテンツを制作可能だ。YouTubeにはこうして作られたVRコンテンツの動画が多数登録されており、見るだけで活用用途の想像が膨らむ。

Tool 03 血管や気管、消化管などの中に潜り込み、内部目線で体内を巡って学ぶ人体解剖

Anatomyou VR : 3D Human Anatomy

価格 ● 無料
販売 ● Healthware Canarias S.L.

iPhone / iPad / Android

Anatomyou
Home / Store / Settings / About / Help

Circulatory System
Tours through the whole circulatory system including arteries, veins and lymphatic system.

Gastrointestinal Tract
Tours covering the whole digestive tract, from the mouth (ingestion) until reaching the anus (excretion).

Transbronchial Tree

Female Reproductive Tract
Tour starting from left internal iliac artery, passing through the whole reproductive system and reaching vagina.

Nose And Throat Tract
Tour through the nose and throat tract from ocular until nasal orifice.

Urinary System

WANT MORE? Add more systems

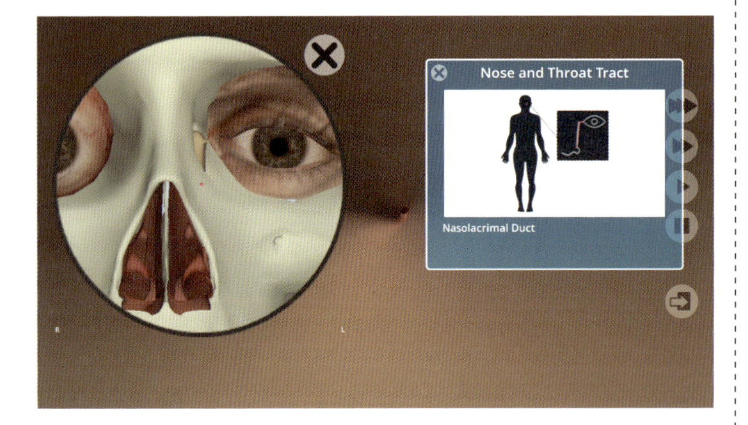

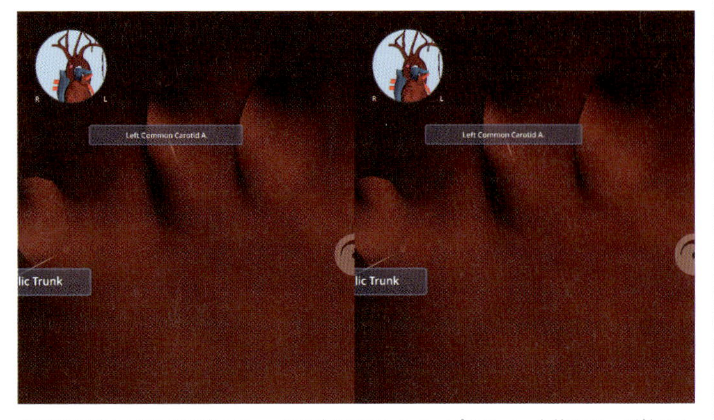

画面右に表示される操作メニューで再生アイコンをタップすると、人体ツアーが始まる

低侵襲性医療で不可欠な人体の解剖構造を、視覚的に学ぶことを目的に開発された医療系VRアプリ。大腸や胃内視鏡検査や気管支鏡検査、血管形成術などでの術者目線で観察される人体内部をシミュレーション。内視鏡検査時のモニタに表示される画像さながらの映像がスマートフォンの画面いっぱいに広がる。単眼モードのほか、Google Cardboard型のヘッドセットにスマホを装着して閲覧できるVRモードがある。VRモード時の没入感や迫力、リアリティは満点で、見ていて飽きない。

観察できる解剖領域は「循環器」「消化管」「気管支樹（要購入）」「女性生殖器官」「鼻喉管」「泌尿器系（要購入）」の6つ。「循環器」では「動脈系」「静脈系」「リンパ系」に分かれており、「動脈系」を選ぶとさらに「頭部」「上肢」「下肢」を選択できる。

画面右に表示される操作メニューで再生アイコンをタップすると人体ツアーが自動で始まる。再生速度は2倍速、3倍速にも変更可能だ。画面左に表示されるmapsアイコンをタップすると、外観ウィンドウが拡大表示になり、ユーザーの現在位置が示される仕組みだ。例えば循環器の動脈巡りでは、「i」アイコンをタップするとパネルに大動脈弓の名前と走行が示されるほか、分岐点では血管名を示すタグが自動で表示される。

Tool 04

人体モデルはすべて本物！
医学教育用に開発された人体観察VRアプリ

VR Body Guide

価格 ● 無料
販売 ● 技術評論社

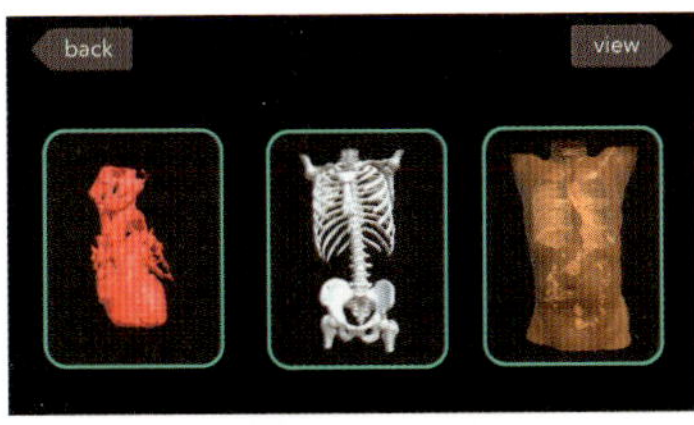

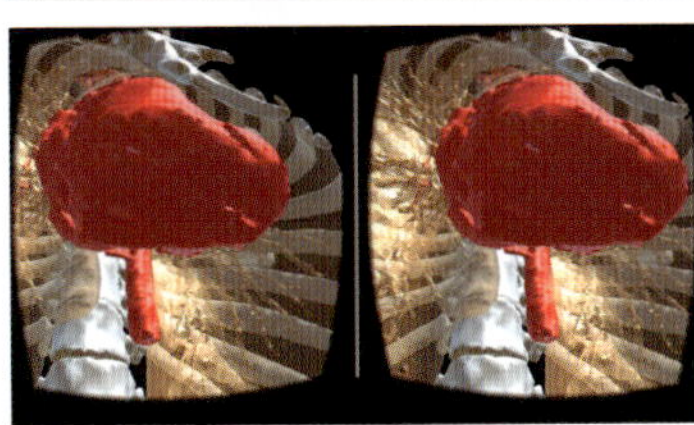

ヘッドセットを併用するVRモードは、スマートフォンを360°動かすことで眺める方向を変えられる

iPhone
iPad
Android

人体内部の様子を、体内巡りツアーに参加したような感覚で鑑賞できるVRアプリ。医学教育用に開発され、実際のCT画像をもとに作られた人体モデルは精密かつ正確だ。

裸眼で閲覧できるMono（一眼）モードと、Google Cardboard型のヘッドセットと併用して閲覧できるVRモードが用意され、VRモードではより一層、没入感を体験できる。

搭載されているモデルは「頭部」と「胴体」の2種類で、頭部は脳、頭蓋骨、皮膚のそれぞれの表示をオン／オフ、胴体は心臓、骨、皮膚をオン／オフすることで、特定の臓器だけ、臓器と骨、全表示といったように組合せをユーザーが切り替えて観察できるのが特徴。専門知識や難しい操作は不要で、閲覧開始して一定時間が経過すると視点が自動で人体内にぐんぐん入り込んでいく。開発には杉本真樹のほか、谷口直嗣氏らがかかわっている。

Tool 05

3Dデータ編集＆変換アプリMeshLabのモバイル版
3Dモデルを軽快に観察できる

MeshLab for Mobiles

価格 ● 無料
販売 ● Visual Computing Lab - ISTI - CNR

iPhone
iPad
Android

MeshLabは3Dスキャナで取り込んだり、CT/MRI画像から作成したポリゴンデータを、CADやCGアプリケーションを介することなく簡単な操作で編集、多様なデータ形式に変換できるWindows／Mac／Linux対応の無料アプリケーション。MeshLabで編集後、PLYなどの軽量ファイル形式で書き出した3Dモデルは、（iOS版はパソコンのiTunes経由、Android版はファイルを直接読み込んで）このモバイル版のMeshLab for Mobilesで閲覧できる。読み込みはiOS版がPLY/STL/OFF/OBJ/CTM/ZIP、Android版がPLY/STL/OFF/OBJに対応。ドラッグ、ピンチイン／アウトなどタッチパネル特有の操作で、3Dモデルをさまざまな角度から軽快に観察できるのがよい。アプリの正式名称はiOS版「MeshLab for iOS」、Android版「MeshLab for Android」である。

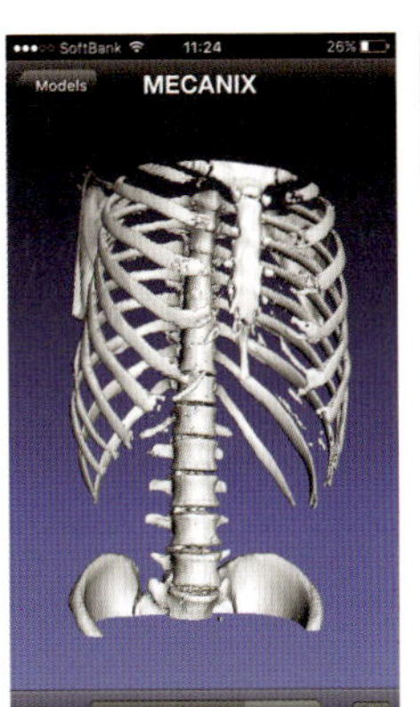

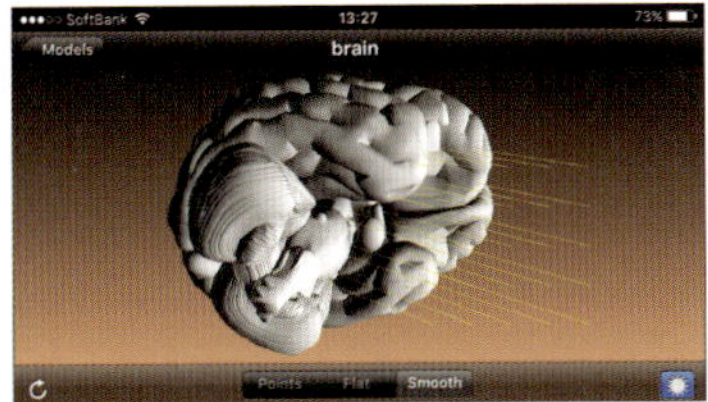

CT画像から作ったSTLファイルを表示させた状態（左）。スムーズのほか、点群、フラットの表示モードがある。光源位置の変更も容易に行える（右）

Tool 06 ギャラリー充実！ Osulus Riftや スマホ用ヘッドセットで楽しめる高精細VR動画アプリ

GoPro VR

価格●無料
販売●GoPro, Inc.

iPhone iPad Android

アクションカメラのメーカーGoProが始めた「GoPro」はVRコンテンツを配信･共有するサービス。同社のカメラGoProを複数台組み合わせて360°撮影した動画など、さまざまなジャンルの高精細VR動画が多数公開されており、見ていて飽きない。ここで紹介するアプリは、これらのVR動画をスマートフォンやタブレットで閲覧したり共有できるVRビューワで、以前は「Kolor Eyes」として公開されていたもの。一眼モードのほか、HMDで楽しめるサイドバイサイド方式のVRモードも用意されている。

スマホ用ビューワのほか、Windows／Mac／Linux用のGoPro VR Playerも公開され、プレイヤーで再生したVR動画をOculus Riftに出力したり、パソコンのモニタなどで閲覧できる。

ギャラリーでは、スポーツや音楽、飛行、モータースポーツ、芸術、水中写真、街中など、多種多様なジャンルのVR動画を楽しめる（https://vr.gopro.com/）

Tool 07 自分で撮影したパノラマ動画や パノラマ写真も簡単操作で楽しめる使い勝手のよさがポイント

ハコスコ

価格●無料
販売●HACOSCO, Inc.

iPhone iPad Android

段ボールなどの素材を用い、シンプルでプレーンなデザインが人気のVRゴーグルの公式VRビューワ。ゴーグルにスマートフォンを装着すれば、サイドバイサイド形式のVR動画や静止画を体験できるほか、ノーマルモードでもパノラマ動画や静止画を楽しめる。スマホのパノラマ撮影モードなどで撮影したパノラマ写真をノーマルモード、二眼モードで閲覧する機能も備わっている(ログインが必要)。

ライブラリには観光地やライブ、CGなど、多数の高画質VRコンテンツやパノラマ映像が登録されているほか、アカウント登録して自作のコンテンツも公開できる。

限定動画機能を使えば、パスコードを知っているユーザー限定で動画を共有することも可能だ。

ノーマルモードでもスマートフォンの向きに合わせた360°全方位からのパノラマ動画や静止画を楽しめる

Tool 08

スマートフォン/タブレットの医療現場利用を一気に進めた定番DICOMビューワ

OsiriX HD

価格 ● 6,000円
販売 ● Pixmeo SARL

iPhone
iPad

CTやMRIなどのDICOMデータを、iPhoneやiPadで閲覧できるDICOMビューワ。DICOMを閲覧できるアプリはiOSアプリ、Androidアプリにもいくつかあるが、医療現場でのスマートフォン活用のキラーアプリ的存在で、世界中の多くのユーザーに支持され、使われ続けている定番アプリ。MPR機能を備え、軸位断/矢状断/冠状断を即座に切り替えて表示できるなど、医師が開発し、医療従事者らが育ててきたアプリとあって、利便性・実用性ともすばらしい。

Mac OS X版OsiriXとの親和性が高く、接続設定も容易に行えるが、その他のDICOMサーバとの連携も可能なので、iPhone/iPadにインストールしたOsiriX HDからサーバに対して直接検索を実行し、患者データをその場で閲覧することも可能だ。

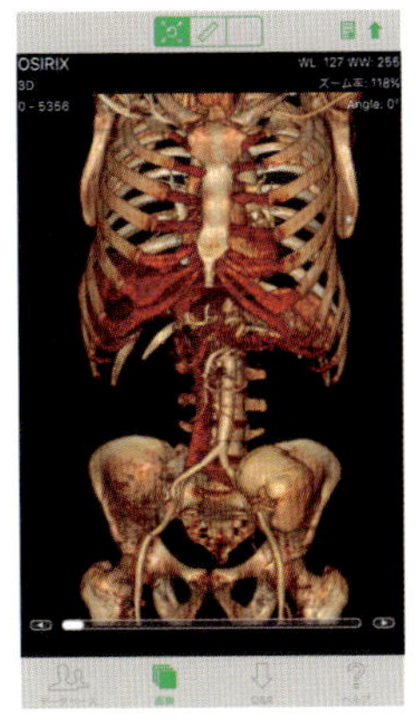
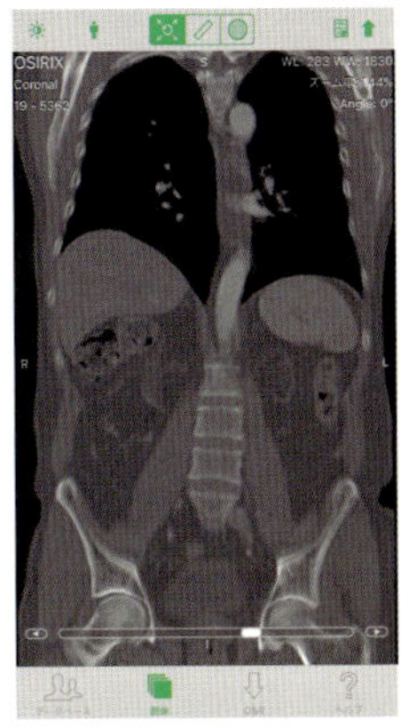

Mac OS X版OsiriXでDICOMデータから3D画像を作成し、保存しておけば、OsiriX HDでも3D画像を閲覧できる

Tool 09

ジェットコースター体験から妄想壁ドンまで360度ステレオパノラマVRを手軽に楽しめる

Botsnew Player

価格 ● 無料
販売 ● メガハウス

iPhone
iPad
Android

メガハウスが販売するスマートフォンにセットするタイプのヘッドセット「BotsNew(ボッツニュー)」公式VRアプリ。BotsNew用に制作・公開されている動画には、ジェットコースター動画や車載動画、アイドルと妄想デート動画など、VRの特徴を生かした作品や遊び心あふれるコンテンツがたくさん用意されていて楽しそう。VRコンテンツに初めて触れる人に、VRの没入感や臨場感を手っ取り早く体験してもらうにはうってつけだろう。

YouTubeなどに登録されているステレオ動画もBotsnew Playerで直接表示、VR体験できるほか、他のユーザーが作ったVRコンテンツ作品を共有したり、スマホに保存したステレオ動画も閲覧できるなど、ビューワアプリとしての使い勝手もよい。Android版は近日公開の予定だという。

専用ヘッドセット向けの公式VRアプリとして公開されているが、Google Cardboard型のヘッドセットでも利用できる

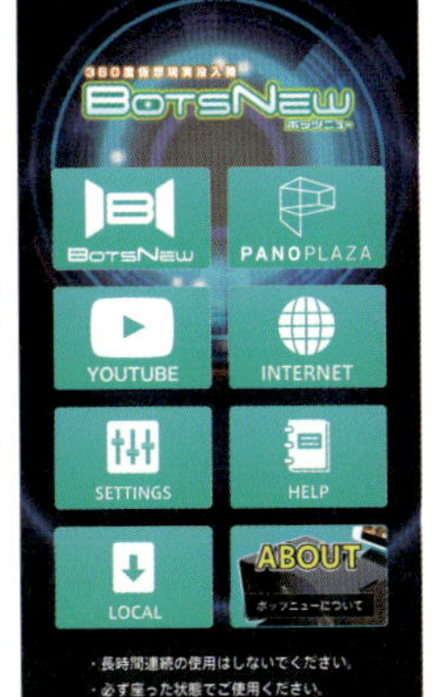

Tool 10 306°全方位パノラマ写真がスマートフォン内蔵カメラだけで撮影できる

Splash - 360 Video Camera & Virtual Reality Community

価格●無料
販売●VIORAMA UG

iPhone
iPad

スマートフォンやタブレット内蔵のカメラだけで、306°全方位のパノラマ写真を撮影できるアプリ。撮影方法は至ってシンプルで、画面内のグリッドを目安に、シャッターボタンをタップして撮影、カメラを少し移動させて撮影…、を繰り返し、グリッド上の空白をすべて埋めるだけでよい。通常の360°モードのほか、望遠や夜空、青空、お菓子の国の壁紙と合成したり、望遠風、アメリカンコミック風など、遊び心のある撮影モードも用意されている。

撮影したパノラマ写真はアプリ内蔵のVRビューワで閲覧可能だ。Splashユーザー同士でパノラマ写真を共有したり、FacebookやTwitter、メールなどを介して共有できるほか、YouTubeに公開すれば、WebブラウザやほかのVRビューワでも見られる。

自分を中心に天地左右の空白を埋めるように撮影すると、360°全方位のパノラマ写真が合成される

Tool 11 人体や心臓の3D解剖モデルがシートからにょきっと立ち上がる解剖学習アプリ

Anatomy 4D

価格●無料
販売●DAQRI, LLC

iPhone
iPad
Android

メニューの[Target Library]に登録されている人体と心臓のシートをパソコンのモニタに表示させるか、プリンタで印刷。[Open Viewer]でそれらのシートにスマートフォンをかざすと、3D解剖モデルがARモードで表示される。

シートには人体や心臓各部位の機能がイラストやグラフとともに簡潔に解説されており、初歩的な解剖を学ぶのにうってつけだ。スキャン時に認識するのは破線で描かれた人型や心臓の絵のようなので、日本語で解剖や疾患の情報を書き加え、患者さんにハンドアウトとして渡せば、疾患や治療への理解もより進むかもしれない。画面右横のスライダや右下の円盤メニューを操作することで、部位の表示／非表示を制御して観察したり、性別やアニメ表現を切り替えられる。

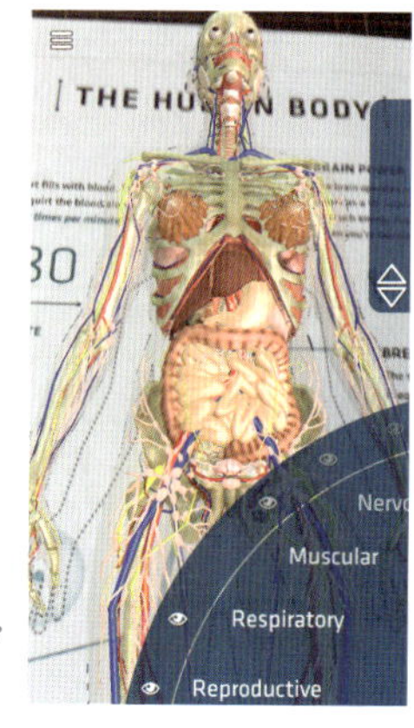

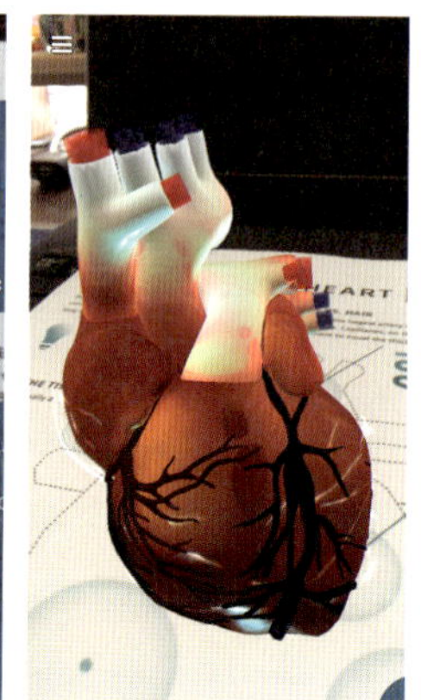

人体のARモデルを表示させた状態。人体モデルで[Muscular]をタップして筋肉を非表示にすると、骨格や臓器など内部構造を観察できる

Tool 12

Cardboard型ヘッドセットを購入したら、これでセットアップ

対応OS ● iOS (iPhone、iPad) ／ Android　価格 ● 無料
販売 ● Google, Inc

Google Cardboard

Googleが公開するGoogle Cardboardの公式アプリ。購入したCardboard型ヘッドセットに付属するQRコードを読み取り、ヘッドセットに最適なVRビューワアプリのセットアップを行えるほか、チュートリアル、探検、鑑賞、街を歩く、万華鏡、北極の旅の6つのデモも用意されている。自作ヘッドセットも「VIEWERP ROFILE GENERATOR」のページでQRコードを生成できる。

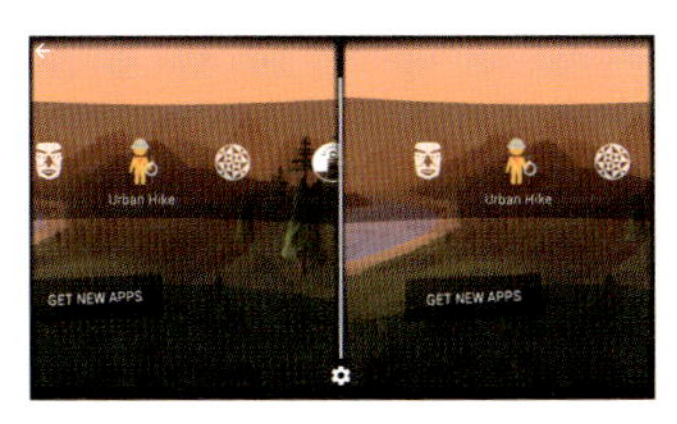

デモを表示させたところ。視界中央にある点をアイコンに合わせて色が変わったときにヘッドセットのスイッチを操作する

Tool 13

キャッチフレーズは「3D meets DIY」、段ボールで3Dモデルを作ろう！

対応OS ● iOS (iPhone、iPad)
価格 ● 無料
販売 ● Autodesk

123D Make Intro

切り抜いた段ボールを重ね合わせて3Dモデルを作るものづくり感あふれるアプリ。積層型3Dプリンタの人力版といったところか。アプリで作れるのは画面をドラッグして描くシンプルな図形の回転体だけだが、Windows/Mac用のアプリケーション123D Makeを使えば、もっと複雑な3Dモデルの造形も可能だ。3Dモデルの展開図が自動で作成され、PDF出力したり印刷できる。

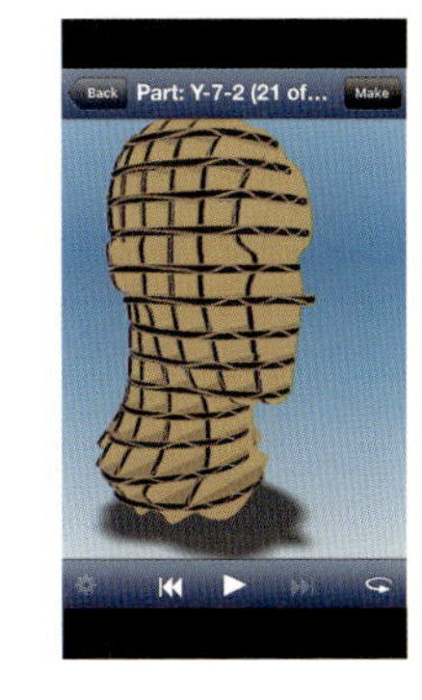

アプリのライブラリに登録されている人体頭部のオブジェクト。アニメーションで組み立て手順も確認できる

Tool 14

マーカー登録した印刷物やオブジェから、3Dモデルが飛び出す

対応OS ● iOS (iPhone、iPad) ／ Android　価格 ● 無料
販売 ● AugmenteDev

Augment - 3D 拡張現実

スマートフォン内蔵カメラの映像と3Dモデルを合成して表示するARビューワ。現実風景から3Dモデルが飛び出す様子はまさに拡張現実だ。無料会員がオリジナルの3Dモデルを表示させるには、Webサイトの会員専用「All models」ページで3Dモデルを登録。発行された24時間有効のQRコードをアプリでスキャンして取り込んだ後、［マーカーを作成］を実行する。

カタログの製品写真をマーカーにすることで、顧客がスマホで製品をリアルに再現。実物に近いARモデルで購入検討してもらうような利用を想定しているようだ

Tool 15

立体感抜群の3Dモデルで脳の解剖を観察し、動画や音声で学ぶ

対応OS ● iOS (iPhone、iPad) ／ Android　価格 ● 無料　販売 ● Harmony Studios Limited

The Brain AR App

開発元のWebサイト「The Brain in 3D」(http://harmony.co.uk/project/the-brain-in-3d/) からダウンロードして印刷したアートワークを印刷。アプリを起動してアートワークにかざすと、人体頭部の解剖がARモードで表示される。操作メニューの[Skins]や[Brain]などをタップして表示／非表示を切り替えたり、脳を部位別に分解した様子がアニメーション付きで観察できる。

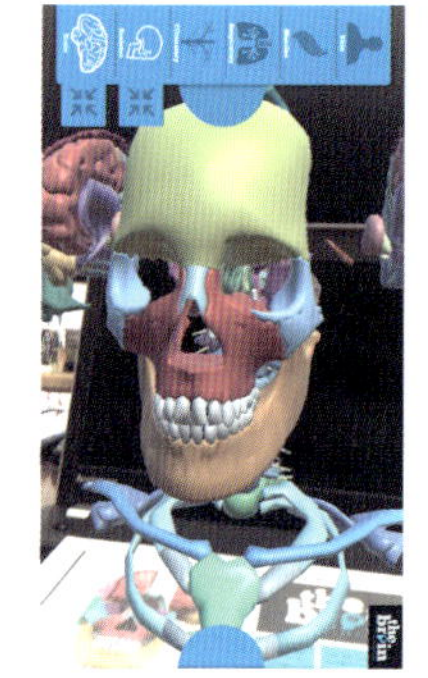

脳の各部位をタップすると英語音声での解説も聴ける。VRモードではサイドバイサイド表示でニューロンの動画と解説が再生される

Tool 16

色鉛筆で着色した人気キャラクターがリアルに登場！

対応OS ● iOS (iPhone、iPad) ／ Android　価格 ● 無料　販売 ● DAQRI, LLC

Crayola Color Alive

専用の塗り絵帳「Color Alive Action Coloring Book」を購入して、色鉛筆やクレヨンで着色。スマートフォン内蔵カメラでスキャンすると、オリジナルカラーの人気キャラクターが現実世界に現れる。無料のサンプル塗り絵も付属しているので、プリンタで印刷して試すことが可能だ。幼児向けに開発されたアプリだが、このアイデアはビジネスや医療にも応用できそうだ。

塗り絵を完成させ、[4D] アイコンをタップすると、飛び出すキャラクター。いったん作ったキャラクターは保存しておけば、いつでもどこでも呼び出せる

Tool 17

ポリゴンデータの読み込みと直感的な編集・加工操作が特徴

対応OS ● MacOS X ／ Windows　価格 ● 無料　開発 ● Autodesk

Meshmixer

オートデスクが開発する3Dモデラーで、無料で公開するエントリー向け3Dアプリケーションシリーズ「Autodesk 123Dファミリー」のひとつ。PLY/STL/OBJの読み込みに対応している。粘土をこねたり、彫刻する感覚で人体や臓器などの不定形なフォルムの物体を直感的に作成／編集できるのが特徴だ。3Dプリンタ出力の前処理として3Dモデルの加工や編集に向く。

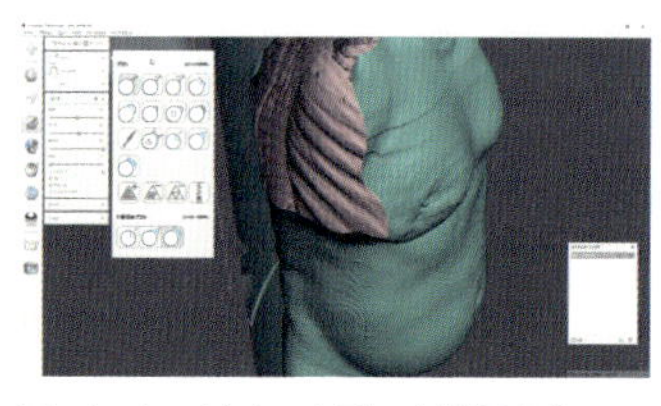

Meshmixerはオートデスク製品のショッピングサイト「Autodesk App Store」(https://apps.autodesk.com/ja) でダウンロードできる

Tool 18

多様な形式のデータに対応、
動作が軽快なので内容確認に最適

対応OS ● MacOS X／Windows
価格 ● 無料
開発 ● ISTI-CNR

MeshLab

3DスキャナやDICOMビューワから出力したSTLやOBJファイルを読み込んで、ポリゴンデータを編集したり、クリーニング、フィルタリングなどを行える。多様なデータ形式の読み込み／書き出しに対応しており、操作も直感的なので、ポリゴンデータの内容を確認するのに適している。スマートフォンやタブレット用のビューワ「MeshLab for Mobiles」もある。

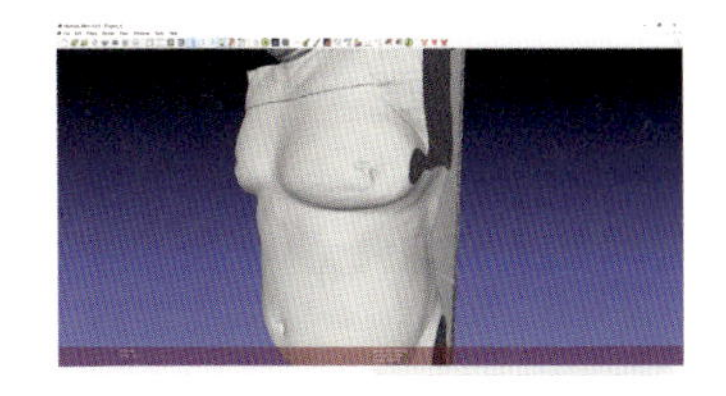

公式サイト「MeshLab」(http://meshlab.sourceforge.net/) から入手可能で、Linux用ソースコードも公開されている。Webブラウザで動作するMeshLabJSもある (http://www.meshlabjs.net/)

Tool 19

近代解剖学の父"ヴェサリウス"の
名を冠した医用画像ビューワ

対応OS ● MacOS X／Windows
価格 ● 無料　開発 ● Renato Archer Information Technology Center

InVesalius

Windows対応のオープンソースDICOMビューワ。DICOMデータの閲覧はもちろん、MPR表示や3Dサーフェス／ボリュームレンダリングも行える。医用画像分析に使えそうな機能は、OsiriXと比べると極めてシンプルだが、豊富なプリセットで容易にわかりやすい3D画像を作成できる。STLやOBJ、PLY、VRMLなど出力可能なポリゴンデータ形式が充実している。

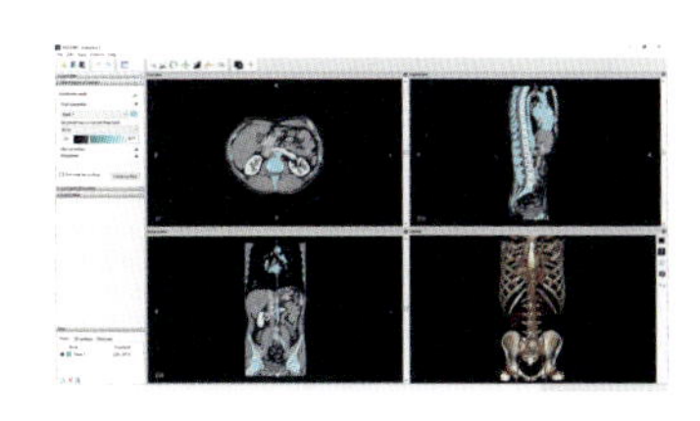

ブラジルの公立病院の要請に応え、2001年から開発されているという。公式Webサイト「InVesalius」(http://www.cti.gov.br/invesalius/) からダウンロードできる。Linux版もある

Tool 20

OBJデータを取り込むだけで、
VR画像をHTC Viveで閲覧できる

対応OS ● Windows
価格 ● 無料
開発 ● 杉本真樹 HoloEyes 株式会社

OBJ VR Viewer

本書Part 3「人体VR画像が無料で作れる、気軽に試せる、実践VR医療」で利用するHTC Vive専用のVRビューワ。HTC Viveが接続されたパソコンで、OsiriXから書き出したOBJファイルをVR画像に加工、HTC Viveで閲覧できるよう処理する。操作の多くはキーボードで行う(機能一覧はChapter 05を参照)。ゲームエンジンにはStingrayを採用している。

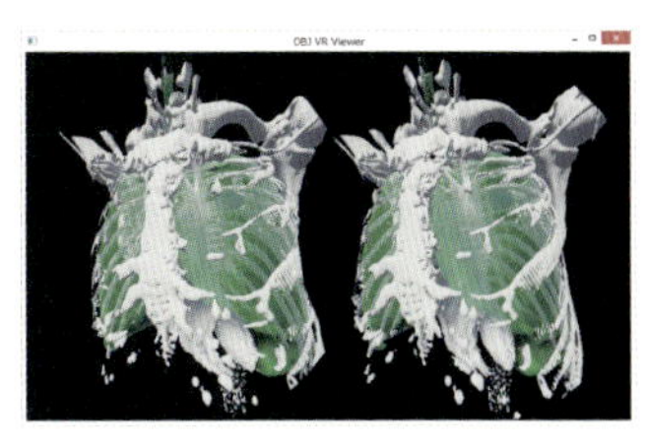

ダウンロード先や操作方法はPart 3参照

編著者略歴　**杉本真樹**（すぎもと・まき）　医師、医学博士

国際医療福祉大学大学院医療福祉学研究科准教授
株式会社Mediaccel代表取締役兼CEO
HoloEyes株式会社取締役兼COO

1996年帝京大学医学部卒業。専門は外科学。
帝京大学医学部付属病院外科、国立病院機構東京医療センター外科、米国カリフォルニア州退役軍人局Palo Alto病院客員フェロー、神戸大学大学院医学研究科消化器内科特務准教授を経て現職。

医用画像解析、VR/AR/MR、手術支援システム、3Dプリンタによる生体質感造形など医療・工学分野での研究開発や科学教育、若手人材育成を精力的に行っている。医用画像解析アプリOsiriXの開発にも携わり、公認OsiriX Ambassadorとして開発普及に尽力している。2014年Apple社Webにて世界を変え続けるイノベーターに選出。産業技術総合研究所情報技術研究部門外来研究員、独立行政法人新エネルギー・産業技術総合開発機構（NEDO）採択審査員、特許庁特許出願技術動向調査策定委員、特許庁科学技術研究所アドバイザー、日本医療研究開発機構（AMED）研究評価委員も務める。
医療・教育・ビジネスなどの多分野にてプレゼンテーションセミナーやコーチングを多数開催。TED翻訳者、各地域TEDxイベントでのスピーカーやアドバイザー、コーチングを行っている。

ヘルスケアから医療現場、教育、コンテンツビジネスへ
VR/AR医療の衝撃

2017年2月20日　初版第1刷発行

発行人……………………村上 徹

編著者……………………杉本真樹
外部編集…………………佐藤嘉宏
編集………………………深澤嘉彦
デザイン・DTP……………蠣﨑 愛
撮影………………………代 友尋
印刷・製本…………………シナノ印刷株式会社
発行・発売…………………株式会社ボーンデジタル
〒102-0074
東京都千代田区九段南1丁目5番5号
Daiwa九段ビル
03-5215-8661（編集）
03-5215-8664（販売）
ホームページ………………http://www.borndigital.co.jp/
お問い合わせ………………info@borndigital.co.jp

ISBN978-4-86246-371-5